U0679214

智听版

墨菲定律

成 — 功 — 法 — 则

Murphy's Law

王丹 编著

中国出版集团 | 全国百佳图书
中国民主法制出版社 | 出版单位

图书在版编目 (CIP) 数据

墨菲定律：成功法则：智听版 / 王丹编著 . — 北京：中国民主法制出版社 , 2019.11

ISBN 978-7-5162-2099-3

Ⅰ . ①墨… Ⅱ . ①王… Ⅲ . ①成功心理 – 通俗读物 Ⅳ . ① B848.4–49

中国版本图书馆 CIP 数据核字 (2019) 第 229294 号

图书出品人 / 刘海涛
出 版 统 筹 / 周锡培
责 任 编 辑 / 梁　惠　赵佰悦

书名 / 墨菲定律·成功法则（智听版）
作者 / 王　丹　编著

出版·发行 / 中国民主法制出版社
地址 / 北京市丰台区右安门外玉林里 7 号（100069）
电话 / 010–63292534　63057714（发行部）　63055259（总编室）
传真 / 010–63292534
Http: // www.npcpub.com
E–mail: mzfz@263.net
经销 / 新华书店
开本 / 32 开　880 毫米 × 1230 毫米
印张 / 4
字数 / 140 千字
版本 / 2019 年 11 月第 1 版　　2020 年 5 月第 2 次印刷
印刷 / 山东汇文印务有限公司

书号 / ISBN 978-7-5162-2099-3
定价 / 32.00 元
出版声明 / 版权所有，侵权必究。

前 言

墨菲定律是一种心理学效应,由爱德华·墨菲(Edward A. Murphy)提出。墨菲定律的基本内容是:如果事情有变坏的可能,不管这种可能性有多小,它总会发生。墨菲定律的原句是:如果有两种或两种以上的方式去做某件事情,而其中一种选择方式将导致灾难,则必定有人会作出这种选择。

人生就像一个大舞台,悲剧、喜剧在不停地交替上演。内心羸弱的人往往悲观、失望,做事软弱、无力。内心强大的人常常不惧艰险,始终乐观面对,他们的内心世界总是阳光灿烂,人生自然也就一路精彩。

积极的心态创造人生,消极的心态消耗人生。想改变现状,就要先改变自己的心态,学习成熟的情绪心理学和决定个人命运的心态选择法!

影响人生的不是环境,也不是遭遇,而是我们有一个什么样的心态。人可以被打败,但不可以被打倒。只要心态积极,即使被打倒了一百次,也还会一百零一次站起来,依然可以凭借不屈的毅力和信念赢得未来。

本书讲述的是生活中应用最普遍的心理学及其在实践中的运用,书中引用了大量生动有趣的故事,从积蓄知识力量、进行创造性思考、积极开发潜能、追求个性成熟、培养坚强意志等方面，给迷茫的你提供全方位的信息和指导。本书的每一章节都非常实用，给你提供工作或生活上所需的各种建议。

成功总是垂青有良好心态的人！可以说，好的心态是成事之源，是一个人在生存和竞争中获胜的必备本领。当你真正学会掌握自己的心态时，你才拥有成功的资本，才能在事业上取得进步，在人生中找到幸福。

目 录

第一章　成功基本法则

第二章　成功竞争法则

第三章 成功人际关系法则

第四章 成功职场法则

第 一 章

成功基本法则

墨菲定律

墨菲定律注重可能性，强调事物的变化及不确定性。一件事你第一次做没出差错，第二次也没出问题，做多了，小概率事件就逐渐变成了必然事件。所谓"上得山多终遇虎"，指的就是这种情况。

上得山多终遇虎

在古代，环境还没有被破坏得像现在这么厉害，山上有老虎是常有的事。虽然一只老虎的领地可达数平方公里，但它也不是天天在领地里闲逛，所以上一次山遇到老虎的概率也不高。但如果每天都上山的话，总有一天会倒霉的。

现在环境破坏严重，要"遇虎"，大概只能到动物园去了。但在现实生活中，因为心存侥幸而最终"遇虎"的悲剧却在不停地上演。

明明湖边的提示牌上写着：水深危险，请勿游泳！但总有人认为自己水性好、技术高，非要下水。游一次没事，游 N 次还是没发生什么，后来第 N + 1 次就溺水身亡了。

明明路口亮起了红灯，但还是有人趁着车还远，赶紧过马路，N 次都没出意外，第 N + 1 次就发生了车祸。

明明不能酒后驾车，但还是有人觉得没有喝多，神志清醒、反应敏捷，倒霉的事不会发生在自己身上，酒驾了 N 次都没出事，第 N + 1 次就出事了。

明明知道偷窃别人的钱财是违法行为，但还是有人明知故犯。第一次偷东西很害怕，第二次没那么怕了，偷了 N 次还是能逍遥法外，第 N + 1 次就被抓到了。

生活中这样的例子不胜枚举，上得"山"多，就越做越大胆，越来越肆无忌惮。总有一天，真的遇到了"虎"。

侥幸心理是酿成很多祸患的条件、诱因、根源。你可以狡猾地躲过"一万"，却难躲过"万一"；能够逃过"今天"，但逃不过"明天"。哲学家狄德罗曾说过："人生最大的错误，往往就是由侥幸引诱我们犯下的，当我们犯下不可饶恕、无从宽释的错误之后，侥幸隐匿得无影无踪。而在我们下一次拿不定主意的时候，它又光临了。"

其实，除了"上得山多终遇虎"之外，中国还有很多谚语都可以反映出墨菲定律，如"多行不义必自毙""常在河边走，哪有不湿鞋""常赶集没有碰不上亲家的"，还有电影《无间道》中的那句经典台词"出来混，迟早是要还的"，说的就是这个道理。

所以，在人生的道路上我们应时刻谨记墨菲定律，这样我们会少一点"遇虎"的后悔。如果总是心存侥幸，"墨菲先生"就会跳出来惩罚我们。有人认为，墨菲定律的描述太过绝对和悲观，缺乏科学依据，很容易被推翻。其实，这是一种误解。

墨菲定律乍一看的确绝对而悲观，这首先是由于东西方文化差异造成的。墨菲定律以一种西方特有的幽默调侃方式描述人、事、物，对西方的语言风格不熟悉的人，自然会觉得太绝对，而熟悉西方文化的人，或是经常看美国大片的人，则会轻松理解其中的幽默和睿智。对于是否悲观，不同的人有不同的看法，尤其是对于阅历不同的人来说更是如此，对比后你会发现，你的人生经历越丰富，就越会觉得诞生于人类盲目乐观之中的墨菲定律具有普遍性。

一般来说，定律的得出有两种途径，一是逻辑推理，二是经验归纳。墨菲定律遵从的是第二条途径。定律的产生不仅证明了它来源的科学性，而且还验证了它应用的有效性。换句话说，假如一条道理被归纳出来，同时被无数事实证明是有效的，也就可以称为定律了，而不必达到数学上的精确。

何况墨菲定律在很多情况下也是经得起逻辑推理的，就拿"风永远不顺着你的发型吹"这一条来说，除了美式幽默"永远"二字让人觉得太过绝对外，事实上，风真的很难顺着谁的发型吹。

风永远不顺着你的发型吹

众所周知，基本的风向有 8 种：东、南、西、北、东南、西南、东北、西北。从概率的角度看，假如你面向一个方向不动，风只有 12.5% 的可能正好顺着你的发型吹，相应地，它有 87.5% 的可能不顺着你的发型吹。

但实际上，除了这 8 种基本风向外，还有若干种偏东、偏南、偏西、偏北风。举例来说，若用东和南组成一个 90 度的直角，刚好平分这个直角的风叫东南风，而没有平分的风则叫偏南风或偏东风。根据几何学常识我们知道，平分直角的射线只有 1 条，而不能平分直角的射线有无穷多条。也就是说，风向实际上远远不只 8 种，而是趋向于无穷种。

而且，人不可能一直不动地面朝同一个方向。所以，现实中风顺着你的发型吹的概率实际上远远小于 12.5%。即使某个时刻风刚好顺着你的发型吹了，但由于它根本没给你造成任何烦恼，所以你可能一点也没留意到。

常常忽视如意之事而关注不如意之事，是人之通病。再加上顺着发型吹的概率本来就小，因此，不仅"风不顺着你的发型吹"是大概率事件，而且即使加上"永远"二字也并不会显得有多么绝对。

人生在世，不仅要做发型，还有很多其他的事情要做，而决定一件事是否如自己所愿的因素，恐怕绝不止风向那么简单。所以，我国古代就有"人生不如意事十之八九"之说，这可以看作我国古代的"墨菲定律"。只是，我们的祖先比较严谨，没有说得那么绝对罢了。

在现实生活中，事事如意的概率很低，所以如意只可以作为祝愿和向往存在。如果我们能将生活中的种种不如意视若寻常，珍视如意之事，你的人生就会多一些欢笑和幸福。

因果定律

著名哲学家培根曾说过："懂得事物因果的人是幸福的。"正如"物有本末，事有终始""种瓜得瓜，种豆得豆"的道理一样，如果我们想收获幸福，先要种下幸福的种子。

如果你觉得生活沉闷，就应该检查一下自己付出了多少。很少听人抱怨说："我天天早睡早起，经常做运动，不断充实自己，培养人际关系，并且尽心尽力地工作，然而生活中却没有一件好事。"生活是一个因果循环系统，如果生活中一点好事都没有，那就是你的错了。只要你了解你的现状是自己一手造成的，你就不会再觉得自己是受害者了。

也许你会反驳说："生活中，有的人过着平淡的日子，同样感觉很幸福；而有的人成绩斐然，却觉得幸福离自己很遥远。明显不符合因果定律。"其实，之所以出现这样看上去似乎相悖的现象，是因为幸福感是一种非常主观的情感体验。

美国知名心理学家、宾夕法尼亚大学教授马丁·瑟里格曼表示，幸福＝快乐＋意图＋参与。他告诉我们，幸福并不是空等来的，不是被动地期盼来的，而是需要你具有快乐的能力，获取幸福的意图，并能积极地参与。如果你觉得自己现在还不够幸福，那就该清醒地审视自己了。要明白，一味地抱怨或叹息过去毫无意义，与其低落、萎靡，不如珍惜当下，积极生活，让"今天"成为"明天"幸福的理由。

活在当下，赢在明天

小莉是某外企的主管，从大学毕业到晋升为主管仅仅用了两年时间。无论是工作时间，还是下班回家，她的脸上总是洋溢着甜甜的笑容，同事们对她羡慕得不得了。有人好奇，便问小莉："你怎么每天都是一副积极向上的样子？感觉你天天都非常幸福。"小莉笑着答道：

"因为我每天都告诉自己'我是积极的，我是快乐的'。"

我们不妨像小莉那样，通过自我暗示的方法，告诉自己"我是积极的，我是快乐的"，从意识上就让自己的每一天都过得积极。

其实，无论生活是平淡，还是忙碌，或是没有理想中的好，都要从中给自己找一个幸福的理由。例如，昨晚做了一个好梦，今天阳光灿烂，刚刚做了一个漂亮的新发型，工作上取得了一些进步，朋友的一个问候……这些小小的幸福连缀在一起，就像一条幸福的珠链，使你的日常生活滋润、充实而美好，同时，也会让你的思想走向积极的一面。

此外，人们都认为法国人的幸福感很强，这主要是由于法国是艺术之国，人们将艺术家气质注入生活，用艺术之美点染人生。众所周知，艺术家在创造作品时享受着来自生命本身的创造乐趣，所以欣赏这些作品的人可以同创造者产生共鸣。当你从忙碌的工作中抽身得闲时，不妨将自己置身于艺术的海洋，从画作缤纷的色彩、音乐优美的旋律、雕塑充满美感的线条中感悟艺术之美、世界之美，从而体味生活中的幸福感。

善待他人即善待自己

从因果定律来看，除了善待自己会得到幸福外，善待他人也会得到幸福。对他人友善，就是种下幸福的种子，待到种子开花结果，自己也就收获了幸福。

有一天，一个贫穷的小男孩为了攒够学费正挨家挨户地推销商品。累了一整天的他感到十分饥饿，但摸遍全身，却只有一毛钱。怎么办呢？他决定向下一户人家讨口饭吃。当一位美丽的女孩打开房门的时候，这个小男孩却有点不知所措了，他没有要饭吃，只乞求给他一口水喝。这位女孩看到他饥饿的样子，就拿了一大杯牛奶给他。男孩慢慢地喝完牛奶，问道："我应该付多少钱？"女孩回答道："一分钱也不用付。妈妈教导我们，施以爱心，不图回报。"男孩说："那么，就请接受我由衷的感谢吧！"说完，男孩就离开了。

此时，他不仅感到自己浑身是劲，而且还仿佛看到上帝正朝他点头微笑。

其实，男孩本来是打算退学的，但喝完女孩送给他的那杯牛奶后，他放弃了这个念头。

数年之后，那位美丽的女孩得了一种罕见的疾病，当地的医生对此束手无策。然后，她被转到大城市医治，由专家会诊治疗。当年的那个小男孩如今已是大名鼎鼎的霍华德·凯利医生了，他也参与了医治方案的制订。当看到病历上所写的病人的来历时，一个念头闪过他的脑际，他马上起身奔向病房。

来到病房，凯利医生一眼就认出床上躺着的病人就是那位曾帮助过他的恩人。他回到自己的办公室，决心一定要竭尽所能治好恩人的病。从那天起，他就特别关照这个病人。经过艰苦的努力，手术成功了。凯利医生要求把医药费通知单送到他那里，在通知单上，他签了字。

当医药费通知单送到这位特殊病人的手中时，她不敢看，因为她确信，治病的费用将会花去她的全部家当。最后，她还是鼓起勇气，翻开了医药费通知单，旁边的一行小字引起了她的注意，她不禁轻声读了出来："医药费——一满杯牛奶。霍华德·凯利医生。"

恐怕连女孩自己都不敢相信，就是当年一杯满满的牛奶，在数年后挽救了自己的生命。现实生活中，很多人活一辈子都不会想到，自己在帮助别人时，其实就等于帮助了自己。一个人在帮助别人时，无形之中就已经投资了感情，别人对于你给予的帮助会永记在心，只要一有机会，他们就会主动报答。

关于这一点，著名科学家爱因斯坦的两次婚姻经历也是很好的例证。

爱因斯坦的前妻米列娃因为不能容忍丈夫一味地与原子、分子、空间、时间为伴，极少关心体贴她，而时常与其发生摩擦，加上两人的个性都很要强，最终分手了。第二任妻子艾丽莎是一个体贴入微、懂得尊敬与忍让的人，她深知爱因斯坦的脾气，从不干预丈夫的工作，让他安心做事。爱因斯坦很受感动，愿意在百忙之中抽出时间来陪妻子度过美好时光，他甚至在记者招待会上说："艾丽莎不懂相对论，但相对论却有她的一份心血。"

所以，任何一种真诚而博大的爱都会在现实中得到应有的回报。善待别人，就等于善待自己。

困难与你的情绪

这个世界上没有人能把你打倒，除了你自己；这个世界上没有什么困难能难倒你，除非你自己放弃。人生道路漫漫，坎坷重重，遇到挫折摔一跤，是在所难免的。只是当我们面对挫折时，应当无所畏惧，越挫越勇。现在我还记得小时候妈妈说的一句话："跌倒了，自己爬起来！"

没有过不去的坎

无论遇到什么境况，都不应该放弃自己，对自己失去信心。有这么一则故事：

一天傍晚，一位美丽的少妇坐在岸边的一棵大树旁，梳洗着自己的头发，一位老渔夫在湖里泛舟打鱼，这本来是一幅多么美丽的风景画。可是，当渔夫撑船准备划向湖心时，突然听到身后传来"扑通"一声，老渔夫回头一看，原来是那位美丽的少妇投河自尽了。老渔夫急忙掉转船头，向少妇落水的地方划去，跳进水里，救起了少妇。渔夫不解地问少妇："你年纪轻轻的，为什么寻短见呢？"少妇哭诉道："我结婚才两年，丈夫就抛弃了我，接着孩子又病死了，您说我活着还有什么意思？""两年前你是怎么生活的？"渔夫问。少妇想了想，眼睛一下变亮了："那时我自由自在，无忧无虑，生活得无比幸福……""那时你有丈夫和孩子吗？""当然没有。""可是现在你同样没有丈夫和孩子呀！你只不过是又回到了两年前的状态，现在你又自由自在，无忧无虑了。记住，孩子，那些结束对你来讲应该是一个新的起点。"少妇仔细想了想，猛然醒悟，她回到了岸上，望着远去的老渔夫，心中又燃起了新的生活希望，此后再也没有寻过短见。

这位少妇的人生境遇的确很不幸，但是真正让她走上绝路的不是这些不幸，而是她自己，是她放弃了自己。其实，人生会经历什么，我们无法控制，我们能控制的就是我们自己的心态，即如何来看待这些境遇。"宠辱不惊"是一种境界，"永不放弃"是一种态度。对待我们宝贵的生命，我们应该永不放弃；对待人生的境遇，我们应该宠辱不惊。

张海迪、桑兰，这两个让我们既骄傲又羞愧的人，她们用自己的故事告诉我们：人生，没有过不去的坎，无论怎样，都不能放弃自己。与之形成对比的是，有些人一遇到困难就萎靡不振，有些人甚至被误以为的灾难给吓死了。前几年，报纸上有一则报道，说一个人得了感冒被误诊为癌症，结果没多久这个人就死了。这个人就是被自己给吓死的，他以为自己得了癌症，肯定活不了了，自己先放弃了自己，生命自然也就放弃了他。美国作家欧·亨利在他的小说《最后一片叶子》里也讲了个类似的故事，只是故事里那个放弃了自己生命的病人，被一位老画家及时救了回来。这位画家并不是妙手回春的神医，他只是用彩笔画了一片叶脉青翠的藤叶挂在了病房窗外的藤枝上，因为生命中的这片绿，病人竟奇迹般地活了下来，这就是希望的力量。

人生在世，不可能是一帆风顺的。当你遭遇失败时，当一切似乎都暗淡无光时，当你的问题看起来似乎不会有什么好的解决办法时，千万不要放弃希望，只要心存信念，勇敢地站起来，你就会看到奇迹发生。

做一个阳光的人

有一个对生活极度厌倦的绝望少女，她打算以投湖的方式自杀。在湖边她遇到了一位正在写生的老画家，老画家专心致志地画着一幅画。少女厌恶极了，她鄙薄地看了老画家一眼，心想：幼稚，那鬼一样狰狞的山有什么好画的？那坟场一样荒凉的湖有什么好画的？

老画家似乎注意到了少女的存在和情绪，他依然专心致志、神情怡然地画着。过了一会儿，他说："姑娘，来看看画吧。"少女走过去，傲慢地睨视着老画家和他手里的画。她被吸引了，竟然将自杀的事忘得一干二净，她没料到世界上还有那样美丽的画面——老画家将"坟场一样"的湖面画成了天上的宫殿，将"鬼一样狰狞"的山画成了美丽的、长着翅膀的女人，最后将这幅画命名为《生活》。就在少女沉醉其中时，老画家突然挥笔在这幅美丽的画上点了一些黑点，似污泥，又像蚊蝇。少女惊喜地说："星辰和花瓣！"老画家满意地笑了："是啊，美丽的生活是需要我们自己用心发现的呀！"

一个阳光的人，乐观开朗，他的人生态度是积极的，不管在工作中还是在生活上，都能很好地完成任务，因此这类人自我价值的实现也就相对较多。自我价值实现得越多，自我肯定的成就感也就越多，这样就能拥有一个好的心情，形成一个良性循环。相反，一个心情沉郁的人整天愁眉苦脸，不管做什么事情都不积极，甚至错误百出，那么他自我价值的实现就会越来越少，自我否定的因素就会增加，心情更加消极抑郁，形成一个恶性循环。所以，别让悲观挡住了生命的阳光，当你快乐起来的时候，你的世界将会是朗朗晴空。

酸葡萄甜柠檬定律

在生活中，酸葡萄式的自我安慰比比皆是。例如，没有找到男女朋友的单身族常常会说"一个人最好，多自在啊"；没考上名牌大学的人常常会说"上名牌大学有什么好，竞争压力那么大，早晚会累到变态"；有些人考试刚刚及格，而同桌却得了优秀，于是就说"一看就是抄袭，投机取巧，没什么了不起的"……

与"酸葡萄"心理相对应的还有一种"甜柠檬"心理，它指人们对得到的东西，尽管不喜欢或不满意，也坚持认为是好的。就好像一个人拿着青的、没熟的柠檬，明知柠檬熟透了才好吃，但因为手上只有没熟的，就偏说自己这个柠檬味道一定很好，会特别甜。何况有柠檬总比没有的好，这同样是一种自我安慰。

现实中，人们的"甜柠檬"心理同样比较普遍。例如，你买了一双鞋子，回来后觉得价格太贵，颜色也不如意。但你和别人说起时，你可能会强调这是今年最流行的款式，材料是高档皮，即使价格贵点也值得。还有，虽然你知道自己的男朋友有不少缺点，但在外人面前，你往往喜欢夸奖他的优点。

解析狐狸的酸葡萄心理

《伊索寓言》中有这样一个家喻户晓的故事：一只饥饿的狐狸路过果园时，发现架子上挂着一串串簇生的葡萄，垂涎三尺，可自己怎么也摘不到。就在很失望的时候，狐狸突然笑道："那些葡萄没有长熟，肯定还是酸溜溜的。"于是高高兴兴地走了。事实上，葡萄还是没吃到，狐狸仍然饿着肚子，但一句自我安慰的话，让它摆脱了沮丧，变得快乐起来。

寓言中的狐狸通过自我安慰，即使没吃到想吃的葡萄也很开心，这属于典型的"酸葡萄"心理。这种心理，属于人类心理防卫功能的一种。当人们自己的需求无法得到满足时，便会产生挫折感，为了解除内心的不悦与不安，人们就会编造一些理由进行自我安慰，从而使自己从不满的消极心理状态中解脱出来。

关于"酸葡萄甜柠檬定律"，心理学上有一个有趣的实验对此进行了间接证明。

心理学家招募一定数量的学生从事两项枯燥乏味的工作。一件是转动计分板上的 48 个木钉，每根钉子顺时针转四分之一圈，再逆时针转回，反反复复进行半个小时。另一件是把一大把汤匙装进一个盘子，再一把把地拿出来，然后再放进去，来来回回半个小时。

学生们完成工作后，分别得到了 1 美元或 20 美元的奖励，同时，心理学家要求他们告诉下一个来做实验的人这项工作十分有趣。

结果发现，与一般的预期相反，得到 1 美元奖励的人反而认为工作比较有趣。

这在一定程度上证明了人们对已经发生的不满意或不好的事情，倾向于通过自我安慰，把事情造成的不愉快等消极影响减轻。

通过这个定律，我们可以发现，对于同一件事，如果从不同的角度去看，结论就会不同，心情也会不一样。例如，当你失恋时，与其沉浸在痛苦和烦恼中，不如想一想，下一次遇到的人会比错过的这个人好很多。当你遇到挫折时，可以想想"失败乃成功之母"，从失败中吸取教训也是一种收获。当遇到丢东西等倒霉事时，不妨想想"塞翁失马，焉知非福"……要明白，现实中几乎所有事情都存在积极性和消极性，如果你只看到消极的一面，只会令自己陷入低落、郁闷之中。相反，如果换个角度，从积极的一面去看，也许一切就会豁然开朗。

保持适度的自我安慰

生活中，我们每个人都会遇到这样、那样不愉快的事，而且很多事情是我们无法左右或改变的。也许你要问，既然如此，我们应该怎么办呢？难道就要为此一味地痛苦、哀伤吗？其实，这时候我们不妨安慰一下自己，这对于心理调节可能非常有效。美国前总统罗斯福就是一个很好的例证：

有一次，美国前总统罗斯福家中被盗，他的朋友写信来安慰他。他在回信中说："谢谢你来信安慰我，我现在很平安。感谢上帝，因为贼偷去的是我的东西，而没有伤害我的生命。贼偷去的只是部分东西，而不是全部。最值得庆幸的是：做贼的是他，而不是我。"

可见，像罗斯福那样，遭遇不幸时，我们若换一个角度去看，心情显然就不一样了。曾有人说过："我因为没有一双像样的鞋穿而苦恼不堪，直到我在街上看到一个人——他没有了双脚。"没错，当"没鞋"的时候，如果想到"没有脚"的人，我们的痛苦和烦恼就显得微不足道了。

不过，无论"酸葡萄"还是"甜柠檬"，在某种程度上都是一种消极的心理防御方式，就像是一服止痛药，虽能暂时缓解心里的痛苦，但往往会有一些副作用。例如，"酸葡萄"心理的人说别人不好，很容易影响人际关系，留给别人一个"小人"的印象；而"甜柠檬"心理则容易让人安于现状，不思进取。

那么，如何才能把握好自我安慰的度，做到无副作用的自我安慰呢？

一方面，当遇到挫折或不幸而万分苦恼时，我们应当冷静地分析问题的起因，不要完全陷入"自我"的状态，试着从"旁观者"的角度，客观地寻求解决问题的方法，正所谓"旁观者清"。

另一方面，如果与他人发生冲突或产生分歧，觉得一时间想不出什么解决方法时，千万不要放弃，不到最后一刻，不要为自己贴上"不行"的标签。我们可以采取"位置调换法"，即从对方的角度出发来考虑问题，经过协商、权衡，最终与对方达成谅解。

幸福递减定律

一个饥肠辘辘的人遇到一位智者，智者给了他一个面包，他边吃边慨叹："这真是世界上最香甜的面包！"吃完，智者给了他第二个面包。他继续开心地吃着，脸上洋溢着幸福的满足感。吃完，智者又给了他第三个面包，他接过面包，一副饱胀的样子。吃完，智者又给了他第四个面包，他痛苦地吃着，最初的快乐荡然无存。

也许你会不解，为何饥饿者得到的面包总数不断增加，而幸福感与快乐却随之减少？这就是著名的幸福递减定律。

不能失去的幸福感

与上面的例子相似，我们在生活中，还常遇到这样的情况：人在很穷的时候，总觉得有钱才是幸福；但真成了富翁的时候，再被问及什么是幸福，他往往会说平淡就是幸福，而不再是过去一直崇拜的金钱。

事实上，幸福之所以打了折扣，并不是因为幸福真的减少了，而是由于我们的内心起了变化。正如幸福递减定律所阐释的：人处于较差的状态下时，一点收获都可能让人兴奋不已。而当所处的环境渐渐变得优越时，人的要求、欲望等就会变得更多。所以，当你感觉不到幸福的时候，可能幸福依然在你的周围，只是你的内心失去了对它的感知力。关于这一点，有这样一个有趣的故事：

一个国王带领军队去打仗，结果全军覆没。他为了躲避追兵，与侍从走散了，在山沟里藏了两天两夜，粒米未食、滴水未进。后来，他遇到一位砍柴的老人，老人见他可怜，就送给他一个用玉米和白菜做的菜团子。饥寒交迫的他狼吞虎咽地就把菜团子吃光了，并觉得这是全天下最好吃的东西。于是，他问老人如此美味的食物叫什么，老人说叫"饥饿"。

后来，国王回到了王宫，下令膳食房按他的描述做"饥饿"，可是怎么做也做不出原来的味道。为此，他派人找来了那个会做"饥饿"的老人。谁料，当老人给他带来一篮子"饥饿"时，他却再也找不到当初那种美味的感觉了。

不难看出，国王回宫后，尽管菜团子还是当时的"饥饿"，但因为顿顿都是山珍海味，酒足饭饱让他没有了饥肠辘辘的感觉，所以"饥饿"的美味自然也就不复存在了。

可见，幸福是人们的一种感觉。这种感觉是灵活多变的，同一个人对同一种事物，在不同的时间、不同的地点、不同的环境中，会有完全不同的感觉。

幸福递减定律告诉我们：幸福随着追求而来，随着希望而来，随着需要而来，但随着这些条件的变化，它又像过客一样，不会永远存在。既然如此，那不断追求和企盼幸福的我们又该怎么办呢？

　　我们应学会用心去体会生活，去感受点滴的幸福。要明白，生活本身就是一种礼物。如果你想抱怨食物不够美味，请想想那些食不果腹的人，跟他们比，难道你不幸福吗？如果你想抱怨工作不顺心、乏味，请想想那些仍未找到工作、四处奔波的求职者，跟他们比，难道你不幸福吗？如果你想抱怨爱情不够浪漫，请想想那些还在为结束单身生活而向上帝祷告的人，跟他们比，难道你不幸福吗？如果你想抱怨自己的孩子不够聪明，请想想那些渴求孩子却不能生育的人，跟他们比，难道你不幸福吗？

　　所以，请时刻提醒自己，幸福就在我们身边，要懂得用心去感受，不要让内心麻痹，失去对幸福的感知能力。

知足、感恩与幸福的关系

　　中国有句成语"知足常乐"，生活在尘世，或许已经很少有人能真正做到知足常乐了。因为人都是有贪念的，想要的东西越是得不到就越想得到，经过努力得到了才会觉得高兴，但是得到的多了又会变成负担。

　　其实，世界上根本没有十全十美的人和事，但知足可以让我们活得更加轻松。

　　一对青年男女步入了婚姻的殿堂，在甜蜜的热恋期过去之后，他们要面对的是家庭生计问题。妻子整天为缺钱而闷闷不乐，因为有了钱才能买房子，买家具家电，才能吃好的、穿好的……可是，他们的钱太少了，少得只够维持最基本的日常开销。丈夫却是个知足乐观的人，他不断寻找机会开导妻子。

　　有一天，他们去医院看望一位朋友。朋友说，他的病是累出来的，常常为了挣钱不吃饭、不睡觉。回到家里，丈夫就问妻子："假如给你钱，但让你跟他一样躺在医院里，你要不要？"妻子想了想，说："不要。"

　　过了几天，他们去郊外散步，路过一幢漂亮的别墅。从别墅里走出来一对白发苍苍的老夫妻。丈夫又问妻子："假如现在就让你住上这样的别墅，但变得跟他们一样老，你愿不愿意？"妻子不假思索地回答："我才不愿意呢！"

他们所在的城市破获了一起重大团伙抢劫案，这个团伙的主犯抢劫现钞超过100万元，被法院判处死刑。在罪犯被押赴刑场的那一天，丈夫对妻子说："假如给你100万，让你马上去死，你干不干？"妻子生气了："你胡说什么呀？给我一座金山我也不干！"

丈夫笑了："这就对了。你看，我们原来是这么富有，我们拥有生命，拥有青春和健康，我们还有能创造财富的双手，这些财富已经超过了100万，你还愁什么呢？"妻子把丈夫的话细细地品味了一番，也变得快乐起来。

通过上面的例子，我们可以看出幸福其实很简单，摆脱欲望的羁绊后，人才会无忧无虑。懂得知足，人才会变得豁达。所以，知足是一件无价之宝，无论你曾经是否意识到，从现在开始，学会知足，用心感受身边的幸福。

懂得了知足常乐的道理，我们就要怀着感恩的心面对生活。那样，人生才会变得更加美好。

黄美廉自小就患有脑性麻痹，病魔夺去了她肢体的平衡感与发声讲话的能力。然而，她并没有向这些痛苦屈服，而是昂然面对，经过努力，她获得了加州大学艺术博士学位。

有一天，她站在台上，不规律地挥舞着双手，仰着头，伸着脖子，张着嘴，眼睛眯成一条线，奇怪地看着台下的学生。全场学生都被她不能控制的肢体动作震撼了，这是一场与生命相遇的演讲会。

"黄博士，您从小因为疾病变成这个样子，您都没有怨恨吗？"台下一位同学小声地问道。

"我没有怨恨，我很感激上帝给予我的一切。"美廉用粉笔在黑板上重重地写下这几个字。她写字时用力极猛，很有气势。写完这个问题，她停下笔看着发问的同学，然后嫣然一笑，在黑板上龙飞凤舞地写了起来：

妈妈给了我可爱的面容！

上帝给了我一双很长很美的腿！

老师对我也很好！

我会画画！我会写稿！

……

教室内鸦雀无声，她回过头来定定地看着大家，又转过头去，在黑板上写下了她的结论："我感激别人给我的一切。"

不得不承认，黄美廉是不幸的，因为病魔残忍地剥夺了她的健康。然而，她并没有陷入忧愁、悲观等消极心态的旋涡中，而是怀着一颗感恩的心，不断努力。所以，她能够画自己想画的画、书写自己心中的话。

试想，如果我们都能像美廉那样，拥有一颗感恩的心，懂得知足，那么，我们怎么会不幸福呢？

贝勃定律

贝勃定律在生活中到处可见。比如，5毛钱一份的晚报突然涨了5块钱，那么你会觉得不可思议，无法接受。但是，如果原本500万元的房产涨了5块，甚至500块，你却会觉得价钱根本没有变化。生活中，交往已久的恋人会抱怨对方没有刚认识时对自己好了；在公共汽车上，陌生人给你让座你会非常感激，而亲近的人给你让座你却觉得理所当然；一些餐馆在正式开业前总是先试营业几天，看看顾客的反映情况再作调整……这是因为人们心理都有一个逐渐适应的过程。一旦适应某种定式，就会对此习以为常，要想改变这种定式，必须施以比最初更大的刺激。

没意识到不代表不存在

一位意大利的心理学家在两对具有大体相同的成长背景、年龄阶段和交往过程的恋人中，做了一个送玫瑰花的实验。他让其中一对恋人中的男孩，每个周末都给自己心爱的姑娘送一束红玫瑰；而另一对恋人中的男孩，只在情人节那天向自己心爱的姑娘送去一束红玫瑰。由于两个男孩的送花频率和时机不同，导致的结果截然不同：

那个在每个周末都收到红玫瑰的姑娘，表现得相当平静。尽管没有大的不满意，但她还是忍不住说了一句："我看到别人送给自己女友的'蓝色妖姬'比这普通的红玫瑰漂亮多了，心里真是很羡慕！"

而那个只在情人节收到红玫瑰的姑娘，她捧着男朋友送来的红玫瑰花，表现出了被呵护、被关爱的极大满足，随后竟然旁若无人、欣喜若狂地与男友紧紧拥吻在一起。

这两对恋人中的女孩都在情人节那天收到了爱的玫瑰，但每个周末都收到红玫瑰的姑娘对此已习以为常，只有收到比红玫瑰更特别的礼物才能感到惊喜。那个只在情人节收到红玫瑰的姑娘，红玫瑰对其而言已经足够特别了。学者们将这一现象称为"贝勃定律"。

贝勃定律来源于著名心理学家贝勃做过的一个实验：一个人右手举着300克的砝码，这时在其左手上放305克的砝码，他并不会觉得有多少差别，直到左手砝码的重量加至306克时才会觉得有些重。如果右手举着600克，这时左手上的重量要达到612克才能感觉到比右手重。

也就是说，原来的砝码越重，后来就必须加更大的重量才能感觉到差别。

一个女孩和母亲吵架，赌气离家，在外逛了一天。直到肚子饿了，她才来到一个面摊，却发现忘记带钱了。好心的面摊老板免费煮了一碗面给她，女孩感激地说："我们不认识，你居然对我这么好！可是我妈妈，竟然对我那么绝情……"面摊老板说："我才煮一碗面给你吃，你就这么感激我，你妈妈给你煮了十几年饭，你不是更应该感激吗？"女孩一听，整个人愣住了："是呀，妈妈辛苦地养育我，我非但没有感激，反而为了小事就和她大吵一架。"女孩鼓起勇气，踏上回家的路。快到家时，她看到疲惫、焦急的母亲正在门口四处张望。

故事中的女孩因对母亲的关爱感到习以为常，导致对母亲的期望值越来越高，当母亲稍有不合自己心意的时候就恶言相向。对于面摊老板，女孩原本就没有抱多大的期望，因此，他的一点帮助，都令女孩感动不已。

贝勃定律告诉我们，要懂得珍惜自己的点滴所得，善待身边的人。

贪婪是人生的负累

很多时候，人们意识不到幸福或某些事物的价值，是因为自己的贪婪之心。"贪"的本义指爱财，"婪"的本义指爱食，"贪婪"即贪得无厌，是一种过度膨胀的欲望。

贪婪的欲望是无止境的，无论是对待金钱、权力、美食，还是对待其他事物，具有这种心理的人永远都是不满足的。所谓"欲壑难填"。

然而，贪欲会使人的精力和体力双重透支，贪多的结果只会导致无穷无尽的烦恼和麻烦。学会接纳自己、欣赏自己，使我们从欲念的无底深渊中解脱出来，这是快乐的始发站。

据说上帝在创造蜈蚣时，并没有为它造脚，但是它仍可以爬得和蛇一样快。有一天，它看到羚羊、梅花鹿和其他有脚的动物都跑得比它快，心里很不高兴，便嫉妒地说："哼！脚多，当然跑得快。"

于是，它向上帝祷告说："上帝啊！我希望拥有比其他动物更多的脚。"上帝答应了蜈蚣的请求。他把好多脚放在蜈蚣面前，任它自由取用。

　　蜈蚣迫不及待地拿起这些脚，一只一只地往身上贴，从头一直贴到尾，直到再也没有地方可贴了，它才不舍地停下。它心满意足地看着满身是脚的自己，心中窃喜："现在我可以像箭一样飞出去了！"但是，等它开始跑步时，才发觉自己完全无法控制这些脚，这些脚各走各的，它必须全神贯注，才能使一大堆脚不互相绊住而顺利地往前走。

　　这样一来，它反而走得比以前更慢了。

　　过度的欲望让蜈蚣步伐缓慢，而人心一旦产生过度的欲望，终有一天，也会出现"超载"的现象，贪婪得来的东西，永远是人生的负累。想要的越来越多，生活的压力就越来越大，脸上的笑容就越来越少，这或许便是贪婪的代价。

　　总之，在现实生活中，很多时候周围的情况并没有发生改变，变的是我们自己的感觉，是我们不断膨胀的欲望。深谙贝勃定律的人，或许并不一定能够生活得幸福，但一定能够生活得释然。

懂得知足与放弃

　　一个想发财的人得到了一张藏宝图，上面标明了在密林深处有一连串的宝藏。他立即准备好了旅行用具，还找出了四五个大袋子用来装宝物。准备就绪后，他进入了那片密林。他斩断了挡路的荆棘，穿过了小溪，冒险冲过了沼泽地，终于找到了第一个藏宝屋。满屋的金币熠熠夺目，他急忙掏出袋子，把所有的金币都装进了口袋。离开时，他看到了门上的一行字："知足常乐，适可而止。"

　　他笑了笑，心想，有谁会丢下这闪光的金币呢？于是，他没留下一枚金币，扛着大袋子来到了第二个藏宝屋，出现在他眼前的是成堆的金条。他见状，兴奋得不得了，依旧把所有的金条放进了袋子里，当他拿起最后一根时，上面刻着："放弃下一个屋子中的宝物，你会得到更宝贵的东西。"

　　他看了这一行字后，更迫不及待地走进了第三个藏宝屋，里面有一块大钻石。他发红的眼睛中泛着亮光，贪婪的双手抬起了这块钻石，放入了袋子中。他发现，这块钻石下面有一扇小门，心想下面一定有更多的东西。于是，他毫不迟疑地打开门，跳了下去，谁知，等着他的不是金银财宝，而是一片流沙。他在流沙中不停地挣扎，可是越挣扎陷得越深，最终与金币、金条和钻石一起埋在了流沙下。

如果这个人能在看了警示后离开的话，能在跳下去之前多想一想的话，那么他就会平安地返回，成为一个真正的富翁。知足，从某种意义上讲，给了自己一个生存的空间，给了自己一条走向成功的道路。

永不知足是一种病态，如果任由其发展下去，就是贪得无厌，其结局是自我毁灭。

托尔斯泰曾讲过这样一个故事：

有一个人想得到一块土地，地主就对他说："清早，你从这里出发往外跑，跑一段就插个旗杆，只要你在太阳落山前赶回来，插上旗杆的地都归你。"那人就不要命地跑，太阳偏西了还不知足。虽然在太阳落山前他跑回来了，但已筋疲力尽，摔个跟头就再也没起来。于是有人挖了个坑，就地埋了他。牧师在给这个人做祷告的时候说："一个人要多少土地呢？就这么大。"

正像《伊索寓言》里所说的："有些人因为贪婪，想得到更多的利益，结果连现有的都失掉了。"

所以我们应该明白：即使你拥有整个世界，但你一天也只能吃三餐。这是一种清醒的认识，谁能真正懂得它的含义，谁就能活得轻松、过得自在。

谁说喜欢一样东西就一定要得到它。有时候，有些人为了得到他喜欢的东西，殚精竭虑、费尽心机，甚至可能会不择手段，走向极端。也许他得到了他喜欢的东西，但是在追逐的过程中，他失去的东西是无法计算的，他付出的代价是其得到的东西也无法弥补的。

有些东西一旦你得到了它，你可能会发现其实它并不如你想象中的那么好。如果你发现失去和放弃的东西更珍贵的话，你一定会懊恼不已。所以有这样一句话："得不到的东西永远是最好的。"

所以，与其让自己负累，不如轻松地面对。即使有一天放弃或者离开，你也没有损失，因为你学会了平静。

我们能对现有的一切感到满足，那么，我们便会洒脱地自得其乐，幸福随之而来。所以有人提出："人生是这样的短暂，纵然我们身在陋巷，也应享受每一刻美好的时光。"

快乐的源泉

国学大师张中行先生曾经说过："快不快乐，完全是由自己的想法决定的。"其实，生活中不可避免地会发生一些让人伤心或者烦恼的事，但是作为生活主角的我们，应该学会适应环境，不钻牛角尖，乐观地去生活。从心理学的角度来看，这是一种"自我调整"。一个善于调整自己心理的人，一定是一个平和的人。

所以，如果你现在仍然觉得自己是一个不快乐的人，那就有必要深入地体会一下张中行先生的名言了。也许你觉得做数学题是痛苦的，但是你不能否认，在解出难题的那一瞬间，你的内心充满了成就感。也许你觉得洗碗是让人厌烦的，但是如果你在洗碗时放一点音乐，你可能就会体会到身心舒畅。总之，快乐是需要自己来体会和创造的。

快乐来源于自己

克罗克自出生以来便遭遇了西部淘金运动结束、美国经济大萧条、第二次世界大战等多种不顺与不幸。然而，他对生活和事业的热情丝毫未减。他在家乡做生意的时候，发现迪克·麦当劳和迈克·麦当劳开办的汽车餐厅生意十分红火。在确认这个行业很有发展前途后，他便到餐厅打工，学做汉堡包。后来，他借债270万美元买下了麦氏兄弟的餐厅，并最终将它打造成今天大家熟知的麦当劳。可见，热情和积极的心态对一个人是多么的重要。

生活中，我们总试图通过各种途径寻找快乐。殊不知，无论何时，快乐都是由自己决定的。

巴辛是一名银行职员，他的心情总是很好，从来没人见过他有烦恼的时候。当有人问他近况如何时，他总会回答："我快乐无比。"

有一天，银行遭遇了3个持枪歹徒的抢劫，歹徒朝他开了枪。

幸运的是，巴辛被及时送进了急诊室。经过18个小时的抢救和几个星期的精心治疗，巴辛出院了，只是仍有少部分弹片留在他体内。

6个月后，他的一位朋友见到他，问他近况如何，他说："我快乐无比。想不想看看我的伤疤？"朋友看了伤疤后，问他当时想了些什么。巴辛答道："当我躺在地上时，我对自己说有两个选择：一是死，一是活。我选择了活。医护人员都很好，他们告诉我，我会好的。但在他们把我推进急诊室后，我从他们的眼神中读到了'他是个死人'。我知道我需要采取一些行动。"

"你采取了什么行动？"朋友问。

巴辛说："有个护士大声问我对什么东西过敏。我马上答：'有的。'这时，所有的医生、护士都停下来等我说下去。我深深吸了一口气，然后大声吼道：'子弹！'在一片笑声中，我又说道：'请把我当活人来医，而不是死人。'"

巴辛的故事告诉我们：在任何时候，你都可以改变你对事物的认知和自己的心情，只要你愿意选择积极、乐观的态度，你就可以成为快乐的主人。

在心理学中，这种现象就是杜利奥定律的体现。人的精神状态不佳，一切都将处于不佳状态。但如果总能保持热情和积极的心态，那么人生将无比美好。

走进"快乐的城堡"

漫漫人生旅途，我们不可能一直一帆风顺，不尽如人意的事情总是难以避免的。当我们无法改变客观事实时，不妨调整心理状态，敞开自己的心扉，让快乐走进来。《快乐的城堡》的作者就是个很好的例证。

这位女作家的丈夫是一名将军，曾奉命到沙漠里参加演习，她为了能陪着丈夫，于是也随丈夫来到了沙漠里的陆军基地。

白天丈夫参加演习，她就独自在营地的小铁皮房子里休息。当时天气炎热，而且没有任何人可以聊天，她每天唯一能做的事情就是盼望丈夫早点回来。渐渐地，她非常难过，便写信给父母，说她想要抛开一切回家去。不久，父亲给她回了信，内容很短，只有两行字："两个人从牢中的铁窗望出去，一个看到泥土，一个却看到了星星。"读完父亲短促有力的回信后，她不禁心头一颤，决定要在沙漠中找到"星星"。

于是，她开始努力地和当地人交朋友，并渐渐地对当地人的生活产生了兴趣。当地人也很大方地把自己最喜欢但又舍不得卖给观光客的物品都送给她。后来，她开始研究那些让人痴迷的仙人掌和各种沙漠植物，又学习了有关沙漠动物的知识，有时还和当地人一起看日落。结果，原来这个令她难以忍受的沙漠，如今却令她非常兴奋、开心不已。

她用热情改变了对沙漠生活的看法，她把沙漠生活视为自己一生中经历的最有意义的事情。兴奋不已的她拿起笔开始了自己的创作，两年后，一本名为《快乐的城堡》的书与世人见面了。

其实，沙漠没有改变，当地人也没有改变，但是女主人公的心态由消极转向了积极，对生活产生了热情。因此，她在沙漠里看到的不再是漫天黄沙，而是美丽的"星星"。

客观上讲，生活并不会因我们个人的意志而发生太大的变化，但快乐的感觉却是由我们的心态决定的。如果你始终能怀着热情去生活，那么，即使身处无边无际的沙漠，你也会与漫天黄沙成为"朋友"。相反，倘若你对生活缺乏热情，那么，即使是沙漠中的绿洲也难以让你快乐。

正如叔本华所说："一个悲观的人，把所有的快乐都看成不快乐，好比美酒到充满胆汁的口中会变苦一样。"所以，人生是幸福还是困顿，生活是快乐还是愁苦，完全取决于你对事物的态度，对生活的看法。与其抱怨、忧愁和苦闷，不如充满热情，珍惜当下，积极地去创造快乐，让它走进你的生活。

野马的结局

一个人发脾气或生闷气时，生理上会产生一系列变化和反应，致使人体器官受损，严重者甚至危及生命。比如：当你得知别人因为嫉妒而诬陷你偷盗的时候，你的大脑神经就会立刻刺激身体产生大量起兴奋作用的"去甲肾上腺素"，其结果是你怒气冲冲，坐立不安，准备找人评理，或者讨个说法。

生活中的"野马"

一天早晨，有一位智者看到死神向一座城市走去，于是上前问道："你要去做什么？"

死神回答说："我要到前方那个城市里去，带走100个人。"

智者说："这太可怕了！"

死神说："但这就是我的工作，我必须这么做。"

智者告别死神，并抢在他前面跑到那座城市里，提醒遇到的每一个人：请大家小心，死神即将带走100个人。

第二天早上，他在城外又遇到了死神，带着不满的口气问道："昨天你告诉我你要从这里带走100个人，可是为什么有1000个人死了？"

死神看了看智者，平静地回答说："我从来不超量工作，而且也确实是按照昨天告诉你的那样做的，只带走了 100 个人，是恐惧和焦虑带走了其他那些人。"

在生活中，这样的事情经常发生，只不过我们没有在意。不良情绪可以起到和"死神"一样的作用，这就是"野马结局"的心理效应。

"野马结局"来源于一匹野马和吸血蝙蝠的故事：

有一种蝙蝠，它们主要依靠吸食动物的血生存。这种蝙蝠喜欢叮咬马腿，为了赶走这些家伙，野马拼命地奔跑、撞击，可是吸血蝙蝠就是一动不动，它们一定要等到吸得饱饱的才离开，而野马因为忍受不了折磨，暴怒而亡！动物学家发现蝙蝠吸的血量其实并不多，完全不足以使野马死亡。造成野马死亡的最直接原因是它对吸血蝙蝠的叮咬产生了剧烈的情绪反应，也就是说，野马是被暴怒情绪折磨死的。

野马以可悲的结局告诫我们，负面情绪极其可怕，如果不加以克制，就会产生严重的危害和影响。

此外，生气还会伤脑伤神，人在发怒时心理状态失常，情绪高度紧张，神情恍惚。在这样的心理状态和不良情绪的影响下，大脑中的"脑岛皮层"受到刺激，进而改变大脑对心脏的控制，影响心肌功能，引发心室纤维性颤动、心律失常，甚至是心跳停止。可见生气发怒可使呼吸系统、循环系统、消化系统、内分泌系统和神经系统失调，带来极大的损伤。

相遇不是为了生气

当你正悠闲地与友人在散步街头，呼吸着雨后清新的空气时，忽然一辆疾驰而来的车溅了你一身泥水，你是不是会愤怒得瞪眼甚至破口大骂呢？其实，这是一种正常的反应，即特殊情况下的动怒是痛苦和压抑的释放。

但是，如果你是一个稍有不顺心、不如意就大动肝火的人，那

么就应该给自己敲警钟了。火气大，爱发脾气，当人们的主观愿望
与客观现实相悖时就会产生这种消极的情绪反应。一个人有爱发脾
气的毛病，的确是令人苦恼和遗憾的。

早晨8点是上班的高峰期，李明开车去上班，由于车流量很
大，堵车严重，眼看就要迟到了。堵车的队伍好不容易向前移动了
一点，可前面的司机偏偏像睡着了一样，纹丝不动。李明开始冒火
了，拼命地按喇叭，可前面的司机依然我行我素。李明气极了，他
握着方向盘的手开始发抖，额头开始冒汗，心跳加快，满脸怒气。
真想冲上去把那个司机从车里扔出来！

他无法控制自己了，冲上前去，猛敲车门，结果前车的司机也
不甘示弱，打开车门，冲了出来。就这样，一场恶斗在街上开始
了，李明打碎了那个人的鼻梁骨，犯了故意伤害罪，等待他的将是
法律的严惩。这下李明不仅没赶上上班的时间，反而连工作也丢
了，这一切都是他暴躁的脾气带来的。

脾气暴躁，经常发火，不仅会增加诱发心脏病的因素，还会增加
患其他病的可能性，这是一种典型的慢性自杀。因此为了自己的身心
健康，必须学会控制情绪，克服爱发脾气的坏毛病。

我们还可能看到过这样的画面：大街上聚着一群人，原来是两
个人在吵架，旁人在围观。两位主角破口大骂，甚至还捋起袖子要
一决高下。细问之下，才知道起因是谁不小心踩了谁的脚。我们在
为这样的小事也能形成这么有"规模"的场面而感慨不已时，也为
他们感到羞愧。如果踩了别人的脚后及时说声"对不起"，如果被
踩的人能在他人道歉后宽容地说一句"没关系"，不就不会有这样
伤身伤神又耗费时间的事情了吗？

如此大闹一场，于人于己都没有半点好处。在我们的生活中，
如果人人都能够宽容大度一些，还会有那么多的"口水战"吗。让
人与人之间更友好一些，让生活更平和、美丽一些，何乐不为呢。

有一位禅师非常喜爱兰花，在平日弘法讲经之余，花了许多时

间栽种兰花。有一天，他要外出云游一段时间，临行前交代弟子要好好照顾寺里的兰花。弟子们细心照顾，但有一天在浇水时不小心将兰花架碰倒了，所有的花盆都跌碎了，兰花撒了一地。弟子们因此非常恐慌，打算等师父回来后，向师父赔罪领罚。禅师回来了，闻知此事，便召集弟子们，他不但没有责怪，反而说道："我种兰花，一是希望用来供佛，二是为了美化寺庙环境，不是为了生气而种的。"

日常生活中，我们牵挂的东西实在太多，我们太在意得失，所以我们的情绪常常起伏波动，我们不快乐。在生气之际，如果我们能多想想，"我不是为了生气而工作的。""我不是为了生气而交朋友的。""我不是为了生气而结婚的。""我不是为了生气而生儿育女的。"那么，我们的心情就会安静平和许多。

因此，当你要和别人起冲突时，要记住，彼此的相遇，不是为了生气。

管好自己的情绪

在西藏，有一个叫爱巴的人，每次与人生气起争执的时候，他就快速跑回家去，绕着自己的房子和土地跑三圈，然后坐在田边喘气。

爱巴工作非常勤奋努力，他的房子越来越大，土地也越来越多。但不管房子和土地有多么大，只要与人起争执生气的时候，他就会绕着房子和土地跑三圈。

"爱巴为什么每次生气时都绕着房子和土地跑三圈呢？"所有认识他的人都想不明白，但不管怎么问他，爱巴都不愿意说明。

直到有一天，爱巴很老了，他的房子和土地也已经很大很广了。他生了气，拄着拐杖艰难地绕着土地和房子转，等他好不容易走完三圈，太阳已经下山了，爱巴独自坐在田边喘气。

他的孙子在旁边恳求他："阿公，您已经这么大年纪了，这附近也没有其他人的土地比您的更广大，您不能再像从前一样，一生气就绕着房了和土地跑三圈了。还有，您可不可以告诉我您一生气就要绕着房子和土地跑三圈的秘密？"

爱巴终于说出了隐藏在心中多年的秘密，他说："年轻的时候，我一和人吵架、争论、生气，就绕着房和地跑三圈，边跑边想，自己房子这么小，土地这么少，哪有时间去和人生气呢？一想到这里气就消了，把所有的时间都用来努力工作。"

孙子问道："阿公，您年纪大了，又变成了最富有的人，为什么还要绕着房和地跑呢？"爱巴笑着说："我现在还是会生气，生气时绕着房子和土地跑三圈，边跑边想，自己房子这么大，土地这么多，又何必和别人计较呢。一想到这里，气就消了！"

我们又何尝不是年轻时的爱巴呢，每个人都有自己的脾气、性格、情绪，一旦控制不好，人与人的碰撞就充满了火药味。何况社会也自有其运行规则，不能让每一个人都顺心遂意。

愤怒有它存在的理由，但不能让它主宰我们的生活。合理的情绪宣泄是必要的，可是为了避免野马一样的结局，我们应该把情绪控制在个人可以掌控的范围内。如果说情绪是外界带给个人的，那么心情就是自己的。为了守护阳光般的心情，人们应该学会控制情绪。只要努力，坏情绪就是可以克制住的。

在现实生活中，愤怒成为越来越多的人的生活常态。早晨起来乘车遇到交通堵塞，不知何时才能通过下一个路口，只能在公交车上自己生气。到公司上班，遭到老板劈头盖脸的一顿臭骂，敢怒不敢言，只能怒火中烧。劳累一天回到家，妻子为鸡毛蒜皮的小事不停地唠叨，孩子又不听管教。堆积的怒火终于控制不住，爆发了。可见，诸如此类的小事就能把人推向愤怒的深渊。

愤怒是一种带有破坏性的负面情绪，长期被这些情绪困扰就会导致疾病的发生。常言道："要活好，心别小；善制怒，寿无数。"生活中，那些动不动就陷入情绪风暴的人，往往不懂得控制自己的情绪，进而给身心带来巨大的伤害，现实生活中也不乏一些因为情绪失控而引发的悲剧。所以，学会克制情绪是一件非常重要的事情。

在负面情绪爆发之前，我们可以采取以下方法。

第一，分析原因。闷闷不乐或者忧心忡忡时，要做的第一件事情就是找出原因。比如，某个人一向心平气和，可突然对同事和丈夫都没了好脸色，那就需要找原因了。或许是担心工作调动，或许是与丈夫闹矛盾了。一旦了解到自己真正害怕的是什么，整个人就会轻松许多。找出问题后，集中精力解决它。这样，不仅消除了内心的焦虑，还能以更积极的态度投入到工作和生活中。

第二，意识控制。人在负面情绪的影响下很容易失去理智。所以，在日常生活中，我们应该通过良好的道德修养和意志锻炼来减少或杜绝不良的情绪反应。比如，多读一些名人传记和经典名著，书中的内容不仅可以丰富个人文化底蕴，而且读书的过程也是道德培养和意志锻炼的过程。

第三，积极乐观。有这样一句名言：一些人往往将自己的消极情绪和思想等同于现实本身，其实，我们周围的环境从本质上说是中性的，是我们给它们加上了或积极或消极的价值，问题的关键是你倾向选择哪一种？同样是半杯水，乐观的人会说：还有半杯水呢！而悲观的人则会说：只剩下半杯水了。同样一个面包圈，乐观的人看到的是外面的面包，而悲观的人看到的是中间的空洞。长期悲观的人会因为情绪不良对身体造成伤害，生命短暂，我们又何苦要自寻烦恼呢。

卡瑞尔公式

应用心理学之父威廉·詹姆斯教授曾说过："能接受既成事实，是克服随之而来的任何不幸的第一步。"林语堂在他那本深受欢迎的《生活的艺术》中也说过类似的话："心理上的平静能顶住最坏的境遇，能让你焕发新的活力。"的确，接受了最坏的结果后，人们就不会再害怕失去什么了，因为这意味着失去的一切都有希望回来了。

没有比最坏的更可怕的了

有一个叫汉里的人，多年前，他因为经常发愁得了胃溃疡。一天晚上，他的胃出血了，被送到西北大学医学院附属医院进行治疗，他的病情很不乐观，医生们甚至认为他的病无可救药了。他只能每小时吃一些半流质的东西。每天早晚护士都把一条橡皮管插进他的胃里，把里面的东西洗出来。在医院住了几个月之后，汉里绝望了，觉得自己除了等待死神的降临，再也没有什么别的希望了。又过了几天，他突然态度大变，准备利用有生之年去周游世界。当他把这个想法告诉那几位医生的时候，他们大吃一惊，他们警告他说，他们从来没有听说过这种事，如果他去周游世界，那就只能选择葬在大海里了。但汉里却平静地说："我已经答应过我的亲友，我要葬在我们老家的墓园里，所以我打算随身带着棺材。"

于是，汉里买好了自己的棺材，把它运上船，然后和轮船公司商定，万一自己死了，就把他的尸体放在冷冻仓中，直到回到他的老家。他踏上了旅程，开始了自己的生命之旅。

当他从洛杉矶登上"亚当斯总统号"向东航行时，已经感觉好多了。渐渐地，他不再吃药，也不再洗胃了。不久之后，任何食物他都尝试着吃了，甚至包括许多以前吃了一定会送命的东西。几个星期过去了，他甚至可以抽长长的雪茄，喝几杯老酒，多年来他从未这样享受过。虽然他在印度洋上遇到了季风，在太平洋上遇到了台风，但他却从这些冒险中获得了极大的乐趣。他在船上玩游戏、唱歌、交新朋友，晚上聊到半夜。在抛弃了所有无聊的忧虑后，他觉得非常舒服。回到美国后，他的体重增加了，几乎不像一个得过胃溃疡的人。康复之后的汉里感慨地说："一生中我从未感到这么舒服、健康。"

汉里之所以能够摆脱病魔的困扰，重新拥有崭新的人生，是因为他在不自觉中运用了卡瑞尔的消除忧虑法。该方法指出，遇到困难时，首先问自己，可能发生的最坏情况是什么。其次，接受这个最坏的情况。最后，镇定地想办法改善最坏的情况。故事中，在得知病情严重的时候，汉里意识到最坏的结果就是死亡。当心理上能够坦然接受这个最坏结果的时候，他便采取周游世界的方式来勇敢地面对自己的病情。这个法则的提出，源自卡瑞尔的自身经历。

威利·卡瑞尔年轻时在纽约水牛钢铁公司担任工程师。有一次，卡瑞尔被公司安排到密苏里州去安装一架瓦斯清洁机。经过一番努力，机器勉强可以使用了，然而与公司保证的质量却相差甚远。为此，他感到十分懊恼，甚至无法入睡。后来，他意识到烦恼不是解决问题的办法。于是，他想出了一个不必烦恼且能解决问题的方法，也就是我们今天熟知的卡瑞尔公式。

为何卡瑞尔的办法这么有实用价值呢？从心理学上讲，它能够帮助人们在绝望中看到希望，使人们的心踏实下来。假如整天提心吊胆，又怎么能把事情做好呢？

如果每个人都能成为生活中的"卡瑞尔"，那么烦恼忧虑将不再会影响我们的生活质量。但是，并不是所有人遇到烦恼时都能像卡瑞尔那样在冷静乐观中寻求解决之法，还是会有许多人不愿意，没有勇气接受最坏的情况。于是，一面苦苦纠结，另一面又想不出解决问题的好办法。所以，学会用卡瑞尔公式消除烦恼，在绝望中找寻希望，或许，生活将从此与众不同。

卡瑞尔公式中消除烦恼的方法

卡瑞尔公式消除烦恼的方法不是一蹴而就的，而是循序渐进地把问题解决。当一步步地采取相应措施时，人们就会发现，问题并没有当初想象的那么可怕。具体实施步骤如下：

第一步，遇事要保持冷静，不要惊慌失措。仔细地回顾并分析整个过程，设想如果失败，最坏的结果是什么。

有这样一则小故事：

一天，一个农民的驴子掉到了枯井里。那可怜的驴子在井里凄惨地叫了好几个小时，农民在井口急得团团转，就是没办法把它救上来。最后，他认定，驴子已经老了，这口枯井也该填起来了，不值得花这么大的精力去救驴子。于是，农民把所有的邻居都请来帮他填井。大家拿起铁锹往井里填土，驴子很快就意识到发生了什么事。起初，它在井里惊恐地大喊大叫。一会儿，大家发现，它居然安静了下来。几锹土过后，农民忍不住朝井下看，眼前的情景让他惊呆了。驴子把每一锹砸到背上的土都迅速地抖落下来，然后狠狠地用蹄子踩紧。就这样，没过多久，驴子竟把自己"升"到了井口，它纵身跳了出来，快步跑开了，剩下填井的人们惊愕地相互看着。

其实，当井下的驴子意识到自己有生命危险的时候，出于本能，它恐慌了。在那种情况下，无论是人还是动物往往会因精神极度紧张而导致思维混乱，不知所措。只有冷静下来，消除恐惧心理，才有可能走出困境，迎来自己的新生。

第二步，面对可能发生的最坏情况，降低自己的心理防线，让自己能够接受这个最坏情况。

有人问一个成功的推销员有什么秘诀，他说自己接受了一位专业营销训练师的培训。训练师要求推销员在拜访客户前，想象自己正站在即将拜访的客户家的门外。

训练师："请问，你现在在哪里？"

推销员："我正站在客户家的门外。"

训练师："很好！那么，接下来，你想到哪里去呢？"

推销员："我想进入这位客户的家中。"

训练师："当你进入客户家里后，你想想看，最坏的情形会是什么？"

推销员："最坏的情形，就是被客户赶出来吧。"

训练师："被赶出来后，你又会站在哪里呢？"

推销员："还是站在客户家的门外啊。"

训练师："那不就是你现在所站的位置吗？最坏的结果，不过是回到原处，又有什么可恐惧的呢？"

在追求成功的道路上，人们经常因为害怕失败而不敢迈出第一步。但当我们作好最坏的打算时，就会无所畏惧，勇往直前。即使真的失败了，也会以一种平和的心态接受它，重新再来。因此，生活幸福的人一定是始终对生活保持乐观的乐天派。

第三步，有了能够接受最坏情况的思想准备后，就要回归平静，把时间和精力用来改善情况。

一位心理学教授为了了解疯子的生活状态，到疯人院参观。一天下来，他觉得这些人疯疯癫癫，行事出乎意料，让人大开眼界。

当他准备返回时，发现自己的车胎被卸掉了。"一定是哪个疯子干的！"教授愤愤地想，准备动手拿备用胎装上。

事情严重了，卸车胎的人居然将螺丝拿走了。没有螺丝，备用胎也装不上去啊！

教授一筹莫展。在他着急万分的时候，一个疯子蹦蹦跳跳地过来了，嘴里唱着不知名的欢乐歌曲。他发现了困境中的教授，停下来问发生了什么事。

教授懒得理他，但出于礼貌还是告诉了他。

疯子哈哈大笑说："我有办法！"他从其他每个轮胎上卸下一个螺丝，这样就拿到了三个螺丝，将备胎装了上去。

教授感激之余，大为好奇："请问你是怎么想到这个办法的？"

疯子嘻嘻哈哈地笑道："我是疯子，可我不是智障啊！"

教授面对最坏的情况，只是发怒、发愁，疯子却能够乐观地面对困境，并利用当前的条件和资源解决问题。

第 二 章

成功竞争法则

零和游戏定律

在多数情况下，博弈总会有一方赢，一方输，如果我们把获胜记为1分，而输棋为 -1分，那么，这两人得分之和就是：$1 + (-1) = 0$，即"零和游戏定律"。

在当今这个战略制胜的时代，双赢的理念和意识在竞争中发挥着非常积极的作用。

很多时候，在竞争中你若能化敌为友，这样得到的朋友，比你先前的朋友更能帮助你。因为你先前的朋友所占有的资源，你可能已经占有；所掌握的技能，你可能已经掌握。化敌为友产生的新朋友，所占有的资源，所掌握的技能，可能正是你一直想拥有而未能拥有的。反之，对手在你那里也有所需，这样就促成了与对手双赢的结局。

促成双赢结局

1997年8月6日，IT界传出一个惊人的消息：微软总裁比尔·盖茨宣布，他将向微软的竞争对手——陷入困境的苹果电脑公司注入1.5亿美元的资金！

此语一出，IT界为之哗然。比尔·盖茨大发善心了吗？

作为当时的世界首富，比尔·盖茨在世界各地捐资。但这一回，他不是捐资，更不是行善，他向苹果注入资金是出于商业目的。

苹果电脑公司诞生于一个旧车库，它的创始人之一是乔布斯。苹果的成功，在于乔布斯率先将电脑定位为个人可以拥有的工具，即"个人电脑"，它就像汽车一样，普通人也可以操作。这是一个划时代的产品定位概念，因为在那之前，电脑是普通人无缘摆弄的庞然大物，不仅需要艰深的专业知识，还得花大价钱才能买到手。

乔布斯很快推出了供个人使用的电脑，引起了电脑迷的广泛关注。更为重要的是，苹果公司还开发出了麦金塔软件，这也是软件业一个划时代的革命性突破，开创了在屏幕上以图案和符号呈现操作系统的先河，大大方便了电脑操作，使非专业人员也可以利用电脑为自己工作。

苹果公司靠着这些核心竞争力，诞生不久后就一鸣惊人，市场占有率曾经一度超过IT界老大IBM。然而，在20世纪90年代网络经济突飞猛进之际，苹果公司却慢了一拍，未能抓住网络化这一先机。市场占有率急剧萎缩，财务状况日益恶化，1995年—1996年两年间连续亏损，亏损额高达数亿美元，苹果公司使出了浑身解数，但种种努力都没有产生太大的效果。

就在苹果公司上上下下愁眉苦脸之际，微软突然伸出援助之手。难道天下真的有救世主吗？当然没有。

比尔·盖茨自有他的如意算盘。他知道，苹果作为辉煌一时的电脑霸主，尽管元气大伤，但它潜在的实力非常巨大。

在这个时候，很多电脑公司包括微软的一些竞争对手，如IBM、网景等，都想利用苹果乏力之机，与苹果合作，来达到和微软竞争的目的。显然，如果微软不与苹果合作，对手的力量就会更强大。

更重要的是，美国《反垄断法》规定：如果某个企业的市场占有率超过规定标准，市场又无对应的制衡商品，那么这个企业就应当接受垄断调查。如果苹果公司垮了，微软公司推出的操作系统软件市场占有率就会达到92%，必然会面临垄断调查，那么仅仅是诉讼费就将超过从苹果公司让出的市场中赚取的利润。而和苹果合作，则可以把苹果拉到自己这一边，苹果和微软的操作软件相加，就基本上占领了整个计算机市场，微软和苹果的软件标准就成了事实上的行业标准，其他竞争对手就只好跟着走了。当然，微软的实力比苹果强大，不会在合作中受制于苹果。

谁都看得出来，拉苹果一把，有百利而无一害，比尔·盖茨扮演一回救世主，绝对不吃亏。

可见，与其付出代价消灭对手，不如化敌为友，与其双赢更为划算。

NBA 比赛中的赢家

NBA（美国职业篮球联赛）比赛被认为是当今世界上发展最完备、职业化程度最高的篮球联赛，公平、公正、公开是它一贯的处事原则，它的很多项规章制度都自觉或不自觉地打破了"零和游戏定律"。

比如 NBA 的选秀制度。为了使 NBA 各队的实力水平不至于太悬殊，从而增加比赛的精彩和激烈程度，NBA 每年都要在总决赛之后，在 6 月下旬举行"选秀大会"。参加选秀的一般是全美各大学的学生，均为 NCAA（全美大学体育协会）全美大学生篮球联赛中的佼佼者。当然，最近几年里，高中生和国际球员有增多趋势。NBA 根据他们的综合实力给他们打分排名，然后各球队依照该年度在常规赛中的优胜率排名，按由弱到强的顺序依次挑选。为了公平起见，NBA 从前几年开始，在选秀前，先分发 1000 个乒乓球，上面注明挑选的顺序号，常规赛成绩最差的球队可挑 250 个号，他们挑中首选权的概率是 25%，以下依次类推。

这种制度是制衡各队的杠杆，弱队每年总能得到一些能量补充，而强队得到好球员的概率则相对较小，这样就使得 NBA 各队之间的实力差距不至于太悬殊，这既保证了比赛的水平和质量，也保证了 NBA 的活力。这项制度实质上是 NBA 的经营手段，它的最终目的是使联盟能获得最大的利益。它不仅仅要求联盟获利，而且力争使所有的球队（无论强弱）都获利，只是获利的多少有所区别。这是一种"多赢"的局面，而这种"多赢"正是"双赢"的延伸和发展，是"双赢"的最大化体现。相反，如果只是湖人、公牛、马刺这样的超级强队获利，而快艇、骑士、猛龙等弱队一直赔钱的话，NBA 恐怕早已经萎缩，也不会从当初的 11 支球队发展到如今的 30 支球队了。

NBA 球队之间的球员交换，也表明了参与球队 "双赢" 或者 "多赢" 的愿望。像勇士队与小牛队完成的 9 人大交易，其出发点就是为了共同提高两队的实力。在这场交易中，两队的明星球员贾米森和范·埃克塞尔进行了互换。在小牛队中，虽然范·埃克塞尔实力一流，充满激情，但由于纳什的稳定发挥，使得他的作用大多是锦上添花，很少能雪中送炭。而由于内线实力的欠缺，使他们在和湖人、马刺那样内线实力强大的球队的对抗中处于劣势。因此，得到贾米森这样的明星球员，小牛队既能提高得分能力，又能增加内线高度，对球队大有裨益。

同样，贾米森虽是勇士队的头号球星，但和他在同样位置的墨菲进步神速，而且比他更高更壮，似乎已能替代他的角色。倒是勇士队的后卫阿里纳斯虽然获得了 2002 年—2003 年赛季的 "进步最快奖"，但由于年轻尚欠稳度，常常无法帮助球队在关键的比赛中力战到底。他们曾看上了马刺队的克拉克斯顿，还将 "袖珍后卫" 博伊金斯招致麾下，但这些人和范·埃克塞尔相比，显然不在一个水平上。因此，勇士队才会放走头号球星，迎来小牛队的替补后卫。这种思维和行为方式，正是期待 "双赢" 的表现。

当然，在 NBA 中也存在着不和谐。森林狼队的 "乔·史密斯事件"，就公然违反了公平、公开、公正的原则，暗箱操作，侵犯了群体的利益。NBA 官方发现之后，对森林狼队进行了严厉的处罚——处以巨额罚款，剥夺其 3 年的首轮选秀权，球队老板以及副总裁被禁赛数月，球队和史密斯签订的合同无效，史密斯还被迫为活塞队效力 1 年。缺乏真诚合作的精神和勇气，不遵守游戏规则……森林狼队为此吃尽了苦头。

压力与动力

我们不应总是惧怕压力，适当的压力反而会让我们更好地挖掘潜力。如果每天都给自己一点压力，你就会感觉到自己的重要性，发挥出更多的潜能。正如一位哲人说过，你要求得越少，那么你得到的也就越少。

背负压力，你会跑得更快

1860 年大选结束后几个星期，有位名叫巴恩的大银行家看见参议员萨蒙·蔡思从林肯的办公室走出来，就对林肯说："你不要将此人选入你的内阁。"林肯问："你为什么这样说？"巴恩答："因为他认为他比你伟大得多。""哦，"林肯说，"你还知道有谁认为自己比我伟大的？""不知道了。"巴恩说，"不过，你为什么这样问？"林肯回答："因为我要把他们全都收入我的内阁。"林肯为什么要这样做呢？

很多人都对林肯的决定感到困惑。如巴恩所说，蔡思确实是个狂妄十足、极其自大的人。他妒忌心很重，而且一直希望谋求总统职位。至于林肯为何仍旧重用蔡思，用他自己的话解释为："现在正好有一只名叫'总统欲'的马蝇叮着蔡思先生，那么，只要它能使蔡思那个部门不停地跑，我还不想打落它。"

现实生活中，不仅是蔡思先生，我们任何一个人，找只"马蝇"给自己点压力，都会使自己向目标的方向前进得更快。曾有这样一个有趣的故事：

勒斯里为了感受山间的野趣，一个人来到一片陌生的山林，左转右转迷失了方向。正当他一筹莫展的时候，迎面走来了一位挑山货的美丽少女。

少女嫣然一笑，问道："先生是从景点那边来，迷路了的吧？请跟我来吧，我带你抄小路往山下赶，那里有旅游公司的汽车等着你。"

勒斯里跟着少女穿越丛林，正当他陶醉于美妙的景致时，少女说："先生，往前一点就是我们这里的'鬼谷'，是这片山林中最危险的路段，一不小心就会摔进万丈深渊。我们这里的规矩是路过此地，一定要挑点或者扛点什么东西。"

勒斯里惊问："这么危险的地方，再负重前行，岂不是更危险吗？"

少女笑了，解释道："只有你意识到危险了，才会更加集中精力，那样反而会更安全。这里发生过好几起坠谷事件，都是迷路的游客在毫无压力的情况下一不小心摔下去的。我们每天都挑着东西来来去去，却从来没人出事。"

勒斯里不禁冒出一身冷汗。没有办法，他只好扛着两根沉沉的木条，小心翼翼地走过这段"鬼谷"路。

两根沉木条在危险面前竟成了人们的"护身符"。其实，许多时候，如果我们学会在肩上压上两根"沉木条"，给自己一些压力，确实会让我们走得更远。下面看看这个非常贴近我们生活的例子：

李强是学管理的，因为爱好设计，进了某私企的企划部。刚工作不久，他接手了一个公司圣诞节网站广告的设计项目，期限是4天。

由于这次广告需要设计一个非常有创意的网页，而李强和其他同事都不懂网页设计软件，老总便在出差前给他推荐了一位制作网页很不错的外援。李强拿着老总给的手机号码联系了对方，但人家也到外地出差了，根本抽不出时间。

当时，李强面前只有两条路：一是放弃，直接找老总告诉他完成不了；二是迎难而上，完成项目。选择前者，会失去很好的表现机会，晋升的梦想也可能泡汤。选择后者，自己需要再想别的办法作出一个有创意的网页，既要符合活动广告的要求，又要体现公司的内涵和优势，若成功了会大大提高自己在老总心中的地位。一直梦想作出成绩的李强，最终选择了后者。

决定后，他想：如果再找别人，要让对方了解公司的企业文化、优势及活动意义等，至少也要1天左右，而整个项目只有4天时间，还不如自己动手，毕竟自己对公司和这次活动的主旨都比较了解，何况大学期间也学过FoxPro、VB等计算机课程。

于是，他买了两本关于网页制作的书，把自己关在办公室，连续3天废寝忘食地学习、制作。第4天，老总出差回来，李强交上了一个自己精心设计的网页。老总问他，是那个外援的杰作吗，他便把事情原原本本地说了一遍，老总立刻对他竖起了大拇指，还夸他是一个很有发展前途的年轻人。

"叮"上自己，你会变得更强大

马由慢跑到快跑是由于马蝇的叮咬，那么，我们个人的发展由弱到强需要什么来"叮咬"呢？事实证明，在有竞争对手"叮咬"的时候，人往往能保持旺盛的势头，让自己强大起来，加速前进。

在北方某大城市里，经过明争暗斗的市场争夺后，赵、王两大电器经销商脱颖而出，他们成为彼此最强劲的竞争对手。

这一年，赵为了提高市场竞争力，采取了扩张的经营策略，大量地收购、兼并各类小企业，并在各市、县发展连锁店，但由于实际操作中的失误，造成信贷资金比例过大，经营包袱过重，其市场销售业绩反倒直线下降。

这时，许多业内外人士纷纷提醒王说，这是主动出击、一举击败对手赵，进而独占该市电器市场的最好时机。王却微微一笑，始终不采纳众人的建议。

在赵最危难的时刻，王却出乎意料地主动伸出援手，拆借资金帮助赵涉险过关。最终，赵的经营状况日趋好转，并一直给王的经营施加着压力，迫使王时刻面对着强有力的竞争对手。

有很多人嘲笑王的心慈手软，说他是养虎为患。可王却丝毫没有后悔之意，只是殚精竭虑，四处招引人才，并以多种方式调动员工的积极性，一刻也不敢懈怠。

就这样，王和赵在激烈的市场竞争中，既是朋友又是对手，在较量中双方各有损失，但各自的收获也都很大。多年后，王和赵都成了当地赫赫有名的商业巨子。

当记者提到王当年的"非常之举"时，王一脸的平淡："有时候击倒一个对手很简单，但没有竞争对手又是乏味的。企业能够发展壮大，应该感谢对手时时施加的压力，正是这些压力化为了想方设法战胜困难的动力，进而让我们在残酷的市场竞争中始终保持着一种危机感。"

没错，人生需要一定的"激发"，就好比著名的钱塘江大潮，至柔至弱的水，一经激发，便能产生"白马千群浪涌，银山万叠天高"的壮观景象。

事实上，人皆有惰性，如果没有外力的刺激或震荡，许多人都会四平八稳、舒舒服服、得过且过、无声无息地走完平庸的人生之旅。可是偏偏人生无常、世事难料，给人带来种种困难，也带来种种激励。朋友反目，爱人变心，事业不顺心，都可能成为一种精神动力，激发人们调动潜能，干出一番事业，改变自己的人生轨迹。

例如，苏秦一事无成时，屡屡受到父母、妻子、嫂子的白眼，于是他发愤图强，引锥刺股，终成一代名士，挂六国相印，显赫一时，威震天下。蒲松龄虽满腹经纶，却屡试不中，穷困潦倒，愤而激励自己著书立说，以毕生心血学识著成《聊斋志异》，自己跻身文学巨匠行列，成为千古名人。

所以，想成功，我们就要学会主动接受外在的激励，化压力为动力，使我们的心智力量得到最大限度的发挥，使我们的人生变得更加精彩。

波特法则

被誉为"竞争战略之父"的哈佛商学院教授迈克尔·波特曾说："不要把竞争仅仅看作是争夺行业的第一名，完美的竞争战略是创造出企业的独特性——让它在这一行业内无法被复制。"

由其提出的波特法则指出，防止完全竞争最为有效的途径之一，就是要从根本上阻止战斗的发生。要做到这一点，对自己的产品就必须有独特的定位，自己的竞争策略就要有独到之处。

不求第一，但求独特

在这方面，比尔·盖茨为我们做了一个非常成功的例子。

某一天，比尔·盖茨从其西雅图总部附近的一家餐馆走出来，一个无家可归者拦住他要钱。给点钱自然是小事一桩，但接下来的事却令见多识广的比尔·盖茨也目瞪口呆——流浪汉主动提供了自己的网址，那是西雅图一个庇护所在互联网上建立的地址，以帮助无家可归者。

"简直难以置信，"事后盖茨感慨道，"Internet（因特网）是很大，但没想到无家可归者也能找到那里。"

今天，比尔·盖茨的微软给互联网带来了统一的标准，也带来了前所未有的垄断。其 Windows 操作系统几乎已成为进入互联网的必由之路，世界各地约有 92% 的个人电脑在使用 Windows 软件系统。更值得一提的是，微软相继投资及收购了 37 家公司，表面看起来好像是一种自然而然的资本扩张行为，但只要把这 37 家公司分门别类，就会令人大吃一惊！因为这 37 家公司控制了美国网络经济的 3 大命脉：互联网络信息基础平台、互联网络商业服务、互联网络信息终端。微软不仅统治了现在的个人电脑时代，而且已经开始着手统治未来的网络时代！难怪美国司法部要引用《反垄断法》控告微软，但比尔·盖茨从容地说："微软只占整个软件业份额的 4%，怎么能算垄断呢？"

盖茨的话也有他的道理，因为软件的形态与工业时代的产品建立的垄断已有明显区别。但实际上，微软不仅仅是单纯的垄断，"霸权"一词才能更确切地描述微软。因为操作系统是整个电脑业的基础，微软以核心产品的垄断建立了对整个软件行业的霸权，使得垄断操作掩饰在更大范围的霸权之中，与单纯的数量份额和比例等有关垄断的硬性指标已无明显关系。

这种软件业的霸权是一种独特的霸权，是知识的霸权，创新的霸权，更是盖茨在竞争中的独特定位。

所以，要想在激烈的竞争中立于不败之地，你可以不求第一，但一定要独特。

不能同时选择两条道路

哲学上有一个公认的观点是"一只脚不能同时踏入两条河流"，其实，竞争中所采取的决策亦是如此。在战略上面，决策就像岔路，你选择了一条路，那就意味着你不可能同时选择另外一条路。

下面，我们就以美国奋进汽车租赁公司为例，来谈谈这个问题。

走进美国任何一个有一定规模的机场租车区，你一定能够看到赫斯汽车租赁公司和爱维斯汽车租赁公司的柜台，也可以看到很多小汽车租赁公司的柜台，不过，你却看不到奋进公司的柜台。更令人费解的是，奋进公司的租金要比对手低30%左右，但它却总是比其他更有名气的竞争对手获取了更多的利润。

这是为什么呢？原来，与赫斯汽车租赁公司和爱维斯汽车租赁公司将自己的客户定位于飞行旅游者不同，奋进汽车租赁公司的服务对象是那些还没有买到自己汽车的人。对于这些客户来说，如果需要自己支付租金，价格就是一个重要的考虑因素，而且他们肯定还要考虑保险公司是否会理赔。因此，奋进汽车租赁公司就有意识地裁减各种客户不愿意付费的项目和可能增加的成本，如打广告的费用。

就这样，奋进汽车租赁公司始终如一地坚持这一策略，尽管客户付费较少，但他们节省的开支大大超过了收费低廉而造成的损失，在业内总能成为赢家。

可见，在竞争中选择一个独特的策略，并始终坚持这个方向，才能成为业内真正的、持久的赢家。

与之类似，戴尔电脑公司在1989年的经营模式改革中也体会到了这一点。当时，戴尔感到自己的直销模式发展得不够快，就试图通过代理商来销售。可是，当他们发现这种转变给公司业绩带来损害的时候，就马上取消了这种做法。原因在于，如果你同时选择两条道路，别人也会这么做。所以，你要选择一条自己最擅长的、具有独特定位的方式坚持下去。这样，你的差异化道路就会具有持续性力量，使对手无法打败你。否则，你只会表现平平。

学会了这些，你在制作具体竞争策略的时候，就应该懂得不能让自己"一只脚同时踏入两条河"的简单道理了。

权变理论

现实的竞争中，没有谁能在今天就断定明天一定会怎么样，事情的发展都具有一定的未知性。"因机而立胜"的权变理论告诉我们，组织是社会大系统中的一个开放型的子系统，是受环境影响的，我们必须根据组织的处境和作用，采取相应的措施，才能保持对环境的最佳适应。

在激烈的竞争中，不要执着于某种外在的形式，不要完全拘泥于事先的精心计划，因为在事情发展过程中的计划外因素往往更具有影响力。

计划赶不上变化

我们总喜欢说：不要打无准备之仗，事前一定要作好计划和安排。计划代表了目标，代表了充实，代表了憧憬，代表了一种对自己的承诺，因为"计划"会让我们知道下一步该做什么。

虽然，"一切尽在掌握之中"固然是好，但我们也无法排除计划外的可能，正所谓计划没有变化快。

东汉末年，曹操征伐张绣。有一天，曹军突然退兵而去，张绣非常高兴，立刻带兵追击曹操。这时，他的谋士贾诩建议道："不要去追，追的话肯定要吃败仗。"张绣觉得贾诩的意见很好笑，不予采纳，便领兵去与曹军交战，结果大败而归。

谁料，贾诩见张绣打了败仗回来，反而劝张绣赶快再去追击。张绣心有余悸又满脸疑惑地问："先前没有采用您的意见，以致到这种地步。如今已经失败，怎么又要追呢？""战斗形势起了变化，赶紧追击必能得胜。"贾诩答道。由于一开始败仗的教训，张绣这次听从了贾诩的意见，连忙聚集败兵前去追击。果然如贾诩所言，这次张绣大胜而归。

回来后，张绣好奇地问贾诩："我先用精兵追赶撤退的曹军，而您说肯定要失败；我败退后用败兵去袭击刚打了胜仗的曹军，而您说必定取胜。事实完全像您所预言的那样，为什么精兵会失败，败兵会取胜呢？"

贾诩立刻答道："很简单，您虽然善于用兵，但确实不是曹操的对手。曹军刚撤退时，曹操必亲自压阵，我们的追兵即使再精锐，但仍不是曹军的对手，故被打败。曹操先前在进攻您的时候没有发生任何差错，却突然退兵了，肯定是国内发生了什么事。打败您的追兵后，必然会轻装快速前进，仅留下一些将领在后面掩护，但他们根本不是您的对手，所以您用败兵也能打胜仗。"

张绣听了，十分佩服贾诩的智慧。

在这次战役中，局势变幻无常，而这些无常，却决定了最终的胜与败。

以变应变，方才精彩

毫不夸张地说，我们已经进入了竞争时代，一切都充满了变数。就拿大家熟悉的股市来说，几秒钟内的上下波动，可能把你送上"云端"，也可能把你推入"地狱"。对此，一定要树立权变思想，善变才能赢。

经典动画片《猫和老鼠》让大家印象深刻，为什么每次小杰瑞总能逃过汤姆的利爪，还让汤姆吃尽了苦头？即使汤姆绞尽脑汁、费尽力气，为何最终仍然一无所获？这一切都是因为，小杰瑞对汤姆的一举一动，甚至一个呼吸、一个喷嚏、一个微笑的变化，都有不同的应对手段。

正如《孙子兵法》所言："夫兵形象水，水之形避高而趋下，兵之形避实而击虚。水因地而制流，兵因敌而制胜。故兵无常势，水无常形，能因敌变化而取胜者，谓之神。"意思是用兵打仗，好像流水那样没有固定刻板的规律，没有一成不变的打法，能采取敌变我变而取胜的，就叫用兵如神了。

某省一家出售冷冻鸡肉的食品公司，由于竞争激烈，冷冻鸡肉的销售一直不太景气。后来，该公司经过市场调研发现顾客喜欢吃新鲜鸡肉，于是实施相应策略，改为凌晨3点开始杀鸡，待去毛、分割完毕，恰好接近黎明。新鲜的鸡肉送到市场，生意一下子红火起来，公司利润持续上升，顾客也非常满意。

由此观之，善变之道在于灵敏地作出应变决策，抢占先机。没有这种能力，一个公司就会陷于故步自封的境地，一个人就会陷入墨守成规的套子。

竞争世界如同一只变色龙，变化的发生有时是没有什么明显的征兆的，我们往往也无法预知。因此，每走一步棋，我们既要紧跟时机，又要学会思考，以变应变，才能赢得精彩。

达维多定律

任何企业必须不断更新自己的产品。一家企业如果想在市场上占据主导地位，就必须第一个开发出新一代产品。这就是著名的达维多定律。

创新从改变思维开始

一个犹太商人用价值50万美元的股票和债券做抵押，向纽约一家银行申请1美元的贷款。乍一看，似乎让觉得人不可思议。但看完之后才发现，原来那位犹太商人申请1美元贷款的真正目的，是为了让银行替他保存巨额的股票与债券。按照常规，有价证券等贵重物品应存放在银行金库的保险柜中，但是犹太商人却悖于常理，通过抵押贷款的办法轻松地解决了问题，为此他省去了昂贵的保险柜租金，每年只需要支付6美分的贷款利息。

　　这位犹太商人的聪明才智实在令人佩服。其实，我们身上也蕴藏着创新的禀赋，但我们总是漠视自己的潜能。你的思维已经习惯了循规蹈矩，只要你愿意改变一下自己的思维方式，多进行一些发散性思考和逆向思维活动，激活自己的创新因子，你周围的一切，都有可能成为你创新的对象。

　　众所周知，闹钟的传统作用是"催醒"。然而，英国一家钟表公司在此基础上，又增添了一种与此矛盾的"催眠"功能。这种"催眠闹钟"既能发出悦耳动听的圣诗合唱和鸟语声，催人醒来；又能发出柔和舒适的海浪轻轻拍岩声和江河缓缓流水声，催人入眠。使用者可以"各取所需"，这种新颖独特的闹钟深得失眠者的喜爱。

　　再有，某大城市的市场上曾出现过一种具有特殊功能的拖鞋。这种室内拖鞋的鞋底上装有圆圈状的纱线，能牢牢吸住地板或地砖上的灰尘、头发等污染物。人们穿上这种特殊拖鞋后，边走路，边擦地，走到哪里就清洁到哪里，既走出了"实惠"，又轻松自如。而且，这种拖鞋的洗涤也很方便，穿脏了放入洗衣机内便可清洗干净。这种"擦地拖鞋"卖得很好，其成功之处在于它体现了一种创新思维，也正是这种思维，为创新者带来了巨大的收益。

　　在竞争过程中，很多人被对手"吃掉"，其重要原因往往是遇事先考虑大家都怎么干、大家都怎么说，不敢突破"人云亦云"的求同思维方式。讨论一件事情时，总喜欢"一致同意""全体通过"，这种观念的后面常常隐藏着"从众定式"的盲目性，不利于个人独立思考，不利于独辟蹊径，常常会约束人的创新意识。如果一味地考虑多数，个人就不愿开动脑筋，事业也就不可能获得成功。

　　一位成功的企业家说："一项新事业，在10个人当中，有一两个人赞成就可以开始了；有5个人赞成时，就已经迟了一步；如果有七八个人赞成，那就太晚了。"

第一个吃螃蟹的人

不难看出，达维多定律为我们揭示了如何在竞争中取得成功的真谛。这也正是许多成功实例所验证的——要做第一个吃螃蟹的人。

日本企业界知名人士曾提出过这样一个口号："做别人不做的事情。"瑞典有位精明的商人开办了一家"填空档公司"，专门生产、销售在市场上断档脱销的商品，做独门生意。德国有一个"怪缺商店"，经营的商品在市场上很难买到，例如大个手指头的手套、缺一只袖子的上衣，驼背者需要的睡衣，等等。因为是填空档，一段时间内就不会有竞争对手。

其实，即使在人们熟知的行业里，仍然会有许多创新点，关键是你要能够察觉到。

有段时间，国外很多啤酒商发现，要想打开比利时首都布鲁塞尔的市场非常困难。于是，就有人向比利时国内的某名牌酒厂家取经。这家叫"哈罗"的啤酒厂位于布鲁塞尔东郊，无论是厂房建筑还是车间生产设备都没有很特别的地方。但该厂的销售总监林达是轰动欧洲的策划人员，由他策划的啤酒文化节曾经在欧洲多个国家举行。当有人问林达是怎么做"哈罗"啤酒的销售时，他显得非常得意且自信。林达说，自己和"哈罗"啤酒的成长经历一样，从默默无闻到轰动半个世界。

林达刚到这个酒厂时还是个不满25岁的小伙子，那时候他有些发愁自己找不到对象，因为他相貌平平且贫穷。他看上了厂里一个很优秀的女孩，当他在情人节偷偷地给她送花时，那个女孩伤害了他，她说："我不会看上一个普通得像你这样的男人的。"于是林达决定做些不普通的事情，但什么是不普通的事情呢？林达还没有仔细想过。

那时的"哈罗"啤酒厂正一年一年地减产，因为销售不景气而没有钱在电视或者报纸上做广告，这样便开始了恶性循环。做销售员的林达多次建议厂长到电视台做一次演讲或者广告，都被厂长拒绝了。林达决定冒险做自己"想要做的事情"，于是他贷款承包了厂里的销售工作，正当他为怎样去做一个最省钱的广告而发愁时，他走到了布鲁塞尔市中心的于连广场。这天正是感恩节，虽然已是深夜了，但广场上还有很多狂欢的人。广场中心撒尿的男孩铜像是因挽救城市而闻名于世的小英雄于连，当然铜像撒出的"尿"是自来水。广场上一群调皮的孩子用自己喝空的矿泉水瓶去接铜像"尿"出的自来水泼洒对方，他们的调皮启发了林达。

第二天，路过广场的人们发现于连的"尿"变成了色泽金黄、泛着泡沫的"哈罗"啤酒。铜像旁边的大广告牌子上写着"哈罗啤酒免费品尝"。一传十，十传百，全市老百姓都从家里拿出瓶子、杯子，排成长队去接啤酒喝。电视台、报纸、广播电台争相报道，林达不掏一分钱就成功地在电视和报纸上为"哈罗"啤酒做了广告。该年度"哈罗"啤酒的销售量是去年的1.8倍。

林达成了闻名布鲁塞尔的销售专家，这就是他的经验：做别人没有做过的事情。

不得不承认，如果只懂得沿着别人的路走，即使能取得一点进步，也不易超越他人。只有做别人没有做过的事情，创造一条属于自己的路，才有可能把他人甩在身后。

创新也要三思而后行

在这个充满变化的时代，怕的就是你不变。然而，这里的变不是乱变，不是无原则地变，而是有方向地变；不是倒退地变，也不是"三十年河东，三十年河西"的转圈变，而是向前发展的变。否则，创新之路走错了，结果只会得不偿失。

1978年，可口可乐公司起用布莱恩·戴森为其美国分公司的经理，戴森试图突破传统，尝试一种新的软饮料——节食可口可乐。

1981年春，为了迎战自己的强劲对手百事可乐，在新任少壮派领导人戈伊祖艾塔的支持下，戴森开始组织实施节食可口可乐的研究，这项计划被称为"哈佛计划"。次年 8 月，节食可口可乐在全国推出，并迅速占领了市场，百事可乐受到了极大的冲击。

然而就在这个时候，公司出现了重大失误。

1985 年 4 月，戈伊祖艾塔向媒体宣布，公司决定对可乐配方进行修改，生产一种新可口可乐，以挽回因甜度不够而失去的市场。

新可口可乐上市，在饮料市场上引起了轩然大波。来自老顾客的抗议电报和信件像雪片一样飞往可口可乐总部。亚特兰大总部的接线员们每天要接听 1500 个电话，几乎都是要求恢复老可口可乐配方的。修改还是恢复"7X 商品"配方的论战，成为报纸的头条新闻和电视新闻报道的新话题。包装商们声称，如果这种不利的宣传继续下去，可口可乐无论以何种名称出现，都会面临失去市场份额的危险，有可能在一夜之间就被百事可乐夺去市场，再想收复失地将会非常困难。

可口可乐咬着牙坚持了 3 个月后，不得不再次宣布公司将恢复原配方，命名为经典可口可乐，新可口可乐也将继续销售。在重新问世 6 个月之后，经典可口可乐又成为美国销量第一的软饮料。

任何产品都要在不断改进中适应市场，不能一成不变。问题在于该不该公开宣布这种改进，这其中有很大的技巧。顾客的心理都有一种信任惯性，尽管各种试验都表明新可乐的口味不错，但消费者只想维持正宗真品的信誉，抗拒接受新可乐。

尽管可口可乐公司迅速挽回了因修改配方的失误所造成的损失，但在新产品的开发中又出现了失误。

可口可乐在不到一年的时间内连续推出 4 种新产品：3 种含咖啡因型可乐和节食可口可乐，再加上经典可口可乐、新可口可乐等，共有 8 种不同口味的产品同时出现在市场上。

消费者们几乎被弄晕了头，就连可口可乐的一些老顾客对它也不耐烦了。

有这样一段对话，颇耐人寻味：

"给我一杯可口可乐。"

"您要经典可口可乐、新可口可乐、樱桃可口可乐，还是要健怡可口可乐？"

"请给我来杯健怡可口可乐。"

"您要普通健怡可口可乐还是要不含咖啡因的健怡可口可乐？"

"算了！给我一杯七喜。"

虽然我们不能老是守着传统思想，但革新的步伐也要三思而后行，不要得不偿失。创新是为了迎合新观念，创造新机会，而不是强行改变人们固有的生活方式。

儒佛尔定律

H. 儒佛尔提出：没有预测活动，就没有决策的自由。有效的预测是英明决策的前提。这就是儒佛尔定律。

在做任何事之前，你都要面对选择和判断。人生就是在不断地选择和判断中度过的，如果你选择了正确的道路，那么你的人生可能会一帆风顺、飞黄腾达；如果你判断失误而入了歧途，那么你这一生可能就只能与噩梦相伴。选择和判断，对于你的人生就是这么重要。

如何才能作好选择和判断呢？特别是在这个"信息爆炸"的时代，各种各样的道路、方法、方式、经历、指导建议经常让人不知所措，所以只有选择好了、判断好了，才会有好的结果。所以，在众多信息中选出适合自己的信息，这个环节就显得非常重要。如何才能一下命中呢？这就需要极强的预测能力。在这个充满机遇的商业社会里，预测能力尤为重要。往往一个不起眼的信息，就能给你带来灵感，抓住了这个商机，你就可能一夜暴富。所以，有效的预测对于一个竞争者来说是最重要的能力。

精准的预测是成功决策的前提，所以一个企业要想发展，要想提高经济效益，决策者就必须对国内外经济形势和市场要求有所了解，对与生产、流通有关的各个环节非常熟悉，掌握各方面最新、最可靠的信息，找出最有利于企业发展的信息加以利用，这样才能使企业时刻走在时代的前沿，跟得上时代的发展。

有效预测方能英明决策

1973 年，爆发了全球性石油危机。美国通用、福特，日本丰田等汽车公司的决策者提前预测到了汽车市场的变化趋势，见机设计生产了大批油耗量低的小型汽车，以备市场骤变之需。果然，在 1978 年全球性石油危机再次爆发时，这几个汽车公司的营业额都未受影响，甚至还有所增加。而美国的 K 公司，因为没有预测到市场的变化，在第一次全球性石油危机时，没有作出任何反应和举措，继续生产耗油量高的大型车，结果导致在石油危机再次爆发时，无以应对，汽车销量锐减，积货如山，每日损失高达 200 万美元，最后濒临破产。这就是有预测能力和无预测能力的差别。

在这个竞争如此激烈的市场中，决策者必须要有敏锐的眼光，做到审时度势，这样才能在企业之林中立于不败之地。

与之类似，诸葛亮火烧赤壁靠的是什么，靠的就是预测。一个智囊、军师、元帅靠的不是勇而是智，这智就是预测，就是判断。

当然，预测也离不开知识和经验，预测是在知识、经验的基础上作出来的。而决策又是在预测的基础上作出来的。所以，竞争者不能没有知识、没有经验，更不能没有预测能力。

对自己的未来，对形势的发展，对市场的变化，都要有先见之明，这样才能成为一个容易获胜的竞争者。没有有效的预测，就不会有英明的决策，这个道理放在哪里都适用。

懂得预测，成就霸业

只有懂得预测的人，才能作出成功的决策，决策的成功便预示着事业的辉煌。无论是在历史还是在现实中，都有很多这样的例子。

春秋时期的范蠡，就是一位"预测家"。他对战机，对自己的命运，对商机，对儿子的命运都有很精确的预测。当吴王阖闾为越军所伤致死后，阖闾之子夫差谨记父仇，三年里日夜练兵以报越仇。勾践欲提前下手先攻吴，范蠡认为不可，奈何勾践不听，结果越军大败，几乎为吴所灭。后来，勾践卧薪尝胆，伺机灭吴自强，每次有点机会的苗头时，他都会先问范蠡，直到范蠡说可以，才动手伐吴。结果，果真胜了。勾践灭吴后，范蠡深知勾践的为人，已料到自己今后的命运，遂留书一封于文种，便离开了越国。信上写着的是"飞鸟尽，良弓藏；狡兔死，走狗烹"。范蠡走了，成了流芳百世的陶朱公；而文种未走，则成了勾践剑下的冤死鬼。

这就是有无预测能力的差别。范蠡的预测力还体现在"居无几何，致产数十万"上，体现在"久受尊名，不详"上，体现在"吾固知必杀其弟也"上。他对人、对事洞若观火，所以能够精确地预测到事态的发展方向，因而总能作出正确的决定。这也是为什么他到哪里都能出名，做什么都能成功的原因。

作为当今的竞争者，更要有洞察古今、预测未来的能力。现今中国香港的首富李嘉诚就是个很有预测能力的人，可以说，他能发家和他当年对市场作出了正确的判断是分不开的。

20世纪50年代，初次创业的李嘉诚创办了名为"长江塑胶厂"的塑料玩具生产工厂。由于当时玩具市场已经饱和，工厂面临倒闭危险。就在李嘉诚一筹莫展的时候，他偶然在报纸上看到了一条消息，说当地一家小塑料厂将要制作塑料花销往欧洲。看到这个消息，李嘉诚眼前骤然一亮，马上想到了"二战"以来，欧美国家的生活水平虽有所提高，但经济上还没有种植草皮和鲜花的实力，因此塑料花必定会成为很好的替代品，被大量使用于各种场合。这是个很大的需求市场，也是个很好的商机，于是李嘉诚马上决定企业转产生产塑料花。正是这些塑料花，成就了今天的李嘉诚。

试想，如果当时李嘉诚没有看到这条信息，或者看到后也没有意识到信息背后隐藏的巨大商机，那还会有今天的李嘉诚吗？这确实很难说。只能说是这条信息提醒了他，而他自己的预测能力成就了他。

李强和张勇同时受雇于一家超市，一样从底层干起。可不久后，两人的身份地位就大不一样了。李强受到老板的器重，职位一升再升，直至部门经理；而张勇却像"被遗忘的角落"，仍然处于底层。为什么会有这么大的差别呢？原来是因为李强每次做事时都有很强的预测能力，老板交代一件事，他能想到老板接下来会交代的一切可能的事情，因此把每件事都做得非常完美，让老板对他另眼相看，十分喜欢。而张勇，没有什么预测能力，老板交代什么就做什么，根本不懂得灵活变通，很少思考老板交代的事情的深层含义，因此他只能处在底层。

所以说，我们不要羡慕别人的成功，要看到别人的优点，学习别人的优点。预测能力，是成功者必备的能力。无论是对生活还是对事业，只有拥有强大的预测能力，才能干出一番事业，成就你的霸业。

提高预测力的方法

明天是未知的深渊，但对于明天我们不是手足无措的，我们可以预测未来。因为这世界存在着规律和趋势，未来是在现在的基础上发展的，所以它不可能脱离现在而存在，在今天的身上能看到明天的影子。对于未来我们不是一无所知的，我们可以通过预测略知一二。但这种预测能力不是每个人都有的，只有通过不断学习、总结、观察、实践，才能练就一双"穿越时空"的慧眼。

知识是一切行动的基石，你有了知识才能真正地了解和参与这个世界；没有知识，就谈不上审时度势，预测未来。

所以，如果你想提高自己的预测能力，首先要具备所在行业要求的基础知识。有了专业知识，你才能真正了解这个行业的内情，才能知道行业大体的走势。当然，光有基础知识是不行的，你还得时常关注各种相关信息，比如时政、金融、科技、民生、娱乐等各个方面，不然你就会跟不上时代的发展，错过一些新的商机。

其次，有了知识和信息还不够，你还得知道怎么利用它们。这就需要你多看一些行业成功人士的传记、语录和历史人物的故事等，从他们的人生中总结经验教训，择其优而学，被证明是错误的事情，就没必要再去经历一次，只做对的就好。

最后，还有一个非常重要的方面，那就是要具备长远的眼光，从一个事情看到它背后可能发生的其他事情。只顾眼前是没有出路的，要想在商业丛林中站稳脚跟，必须要具备走一步看五步、十步的能力。所以，如果你现在还是"做一天和尚撞一天钟"的工作态度，那就必须先把这态度改了，做一件事情时要想到这之后的一系列结果，久而久之你就会拥有不错的预测力了。

总之，想要提高自己的预测力，平时做事的时候就要多想、多思考。商界成功人士大多有这样的共识：一个成功的企业家、一个成功的领导者，每天至多只用20%的时间处理日常事务，而另外80%的时间则用来思考企业的未来。

竞争者要生存，就要具备市场竞争力。要应对瞬息万变的市场竞争，就必须能够进行科学的预测，并在此基础上作出正确的判断和假设，采取有利的战略行动计划，否则企业就会在竞争中贻误商机，难逃失败的命运。

科学的预测，可以带来巨大的财富，也可以带来顺利的人生，所以，提高自己的预测能力是非常有必要的。从今天起，补充知识、关注信息、总结经验、思考未来吧！

费斯法则

费斯法则由 P. S. 费斯提出，内容是：在拿到第二个以前，千万别扔掉第一个。步步为营，才能百战百胜。在激烈的市场竞争中，计划和调查有时并不能保证作出最好的决策。因为环境在不断变化，竞争对手的行为也并非总能预测到，消费者的行为也充满了不确定性和非逻辑性。欲在竞争中立于不败之地，就要做到在拿到新的东西之前，千万不要放掉你手中的东西，尤其是手中的东西对你来说很重要时。

怜新弃旧，出自《东周列国志》，讲的是为了新欢抛弃旧爱的故事。放到商场上，就是指为了新的利益而放弃已经拥有的利益，或者为了开拓新的市场而放弃原有的客户。这些都是不明智的，都不是一个精明的决策者应该有的想法或行为。如果想把企业越做越大，就要一步一步来，在原有的基础上发展，而不是为了捉天上的蝴蝶就放弃到手的鲜鱼。

俗话说："饭要一口一口吃，路要一步一步走，钱要一点一点赚。"一口吃不出个胖子，一步也登不了天，不要想着一夜暴富，而要稳扎稳打，在竞争起步阶段是这样，在竞争发展阶段也是这样。要一个项目一个项目地做，一个单子一个单子地签，不要好高骛远，只想着要去摘天上的星星，而忘了拿在手里的馍馍。先把手头的工作做好，再走下一步。先把到手的买卖做好，再去接下一个。先巩固已经占有的市场，再去开发新的。没有绝对的把握，千万不要丢掉手里的，去追求未知的。

不要怜新弃旧

高锋是个聪明且踏实的人，大学毕业后到一家大公司做销售。没几年，他就当上了销售部经理。朋友问他为什么升职升得这么快，有没有什么秘诀。他微微一笑，秘诀就是："步步为营，稳扎稳打。尊重每一个客户，绝不放过任何一个有可能的客户。但最重要的是，不要为了追逐新客户而忽视已经谈妥的客户。"接着他就讲了一件他所经历的事情。几年前，当他还是个毛头小伙子的时候，每天的工作就是不断地约客户见面、发名片、宣传产品。有一次，同时有好几家公司给了他回复，他非常高兴，就一一去拜访。一家小公司很快就与他达成了协议，有九成的把握能签下订单；另一家大公司也有一些意向，但把握没有那家小公司大。一天中午，两家公司的代表同时约他见面，他一下为难了，去哪个好呢？他知道那个小公司签单的概率比较大，但大公司的单子更大些。思考良久，他决定先与小公司的代表见面，先拿下一单再说，不要为了那个没把握的单子丢了到手的生意。结果证明他是正确的，当天中午那家小公司的代表就与他签了合同，而那家大公司的代表不过是找他看一下方案，离签单还远得很。因为这个小公司的单子，他打开了事业的大门，慢慢地，单子签得越来越多，事业也越做越大。现在，他依然坚持着当初的想法，一步一步地说服客户，先拿下把握大的，再去找第二家。

可见，明智的竞争者要懂得坚守，不要随便放弃已有的利益。要珍惜自己拥有的，不要轻易地为了看似更美好的东西就放弃了手里的东西。最愚蠢的人莫过于还没有拿到新东西，就放弃了已到手的宝贝。

先巩固到手的利益

在生活中，有很多人为了那虚无的下一站幸福，而抛弃了已经拥有的快乐。或为了更上一层楼，而赌上现有的身家性命，最终落得个身败名裂。所以，老话常说："拿到手里的才是自己的，守好了再去找别的。"不要为了那不可预测的未来，赌上你现在所拥有的，不值得，也不明智。

作为一个竞争者，千万不要急功近利、好高骛远，以为前方是天上掉下的馅饼，拼了命也要抢来，却不知那往往是天大的陷阱。没有看到自己已经拥有的东西和自己的优势，一味地以为别人拥有的更好，这样只会输得更惨。无论是做人还是做事，都要求稳，要三思而后行，不要轻易地下决定。更不要为了还未到手的东西放弃自己已经拥有的。

现在似乎有一种"流行病"，就是浮躁。许多人总想一夜成名、一夜暴富。比如投资赚钱，不是先从小生意做起，慢慢积累资金和经验，再把生意做大，而是如赌徒一般，借钱做大投资、大生意，结果往往是惨败。网络经济一度充满了泡沫，有的人并没有认真研究市场，也没有认真考虑它的巨大风险性，只觉得这是一个发财成名的"大馅饼"，一口吞下去，最后没撑多久，草草收场，白白"烧"掉了许多钞票。

俗话说得好："滚石不生苔。"如果能每天学习 1 小时，并坚持 12 年，学到的东西，一定远比坐在教室里混日子的人学到的多。正如布尔沃所说的："恒心与忍耐力是征服者的灵魂，它是人类反抗命运、个人反抗世界、灵魂反抗物质的最有力支持。"

凡事不能持之以恒，是很多人失败的根源。所以，培养不放弃的习惯对于一个竞争者来说尤为重要。希望下面的步骤对培养你的恒心有所帮助。

第一，合理的计划是你坚持下去的动力。如果没计划，东一榔头西一棒子，是做不好工作的。设计合理的计划表，不仅可以理顺工作的轻重缓急，提高效率，而且可以在无形之中督促自己努力工作，按时或超额完成任务。

制订可行的工作计划和执行计划时，也许你希望有充分的灵活性，甚至等自己有了灵感才动工。可是万一你正好没有灵感，整个星期都没兴致工作的话，怎么办呢？这样下去，你可能会失去耐心，对自己的创造能力产生怀疑。

至少开始的时候，你可以为自己安排一段单独的时间，试验自己的专长。按照进度，循序渐进。如果你想出类拔萃，如果你给自己安排的进度并不过分，可是你还是抗拒它的话，譬如，找借口拖延工作进度，那么你就得研究一下自己的动机了。计划的制订，将迫使你自问这个严酷的问题：我真的想做这件事吗？即使进行得不太顺利，我还是按部就班地做吗？如果答案是"是"，那么你是真的想成功，合理的计划表可以帮助你坚持下去。

第二，拥有越挫越勇的劲头。有的失败会转眼被我们忘记，有些挫折却会给我们留下深深的伤痛。但是，无论如何，我们都不应该因为遇到挫折而停止前进的步伐，每个人都必须为目标奋斗。如果你不继续为目标奋斗，你不仅会失去信心，还会逐渐忘记自己有个目标。如果你不再坚持的话，就会开始怀疑自己是否能成功地实现计划设定的目标。

有时你也许会因为目前完不成一个小目标而尝试其他，这种随便的做法是一种变相的放弃。千万不要拿困难当借口，改变原来的计划。

第三，既然有计划，就要实现它。当你坚持完成计划的要求，实现目标后，你会更加坚定地做完后续的工作，这对培养你不轻言放弃的习惯有很大帮助。不把事情做完的话，你会觉得自己像个没有志气的懒虫，并且很难再开始做一件新的事情。

如果你是某一领域的专业人员，你的目标就应是成为这一领域的翘楚，那么就不能仅仅是把计划完成，你必须把作品展示出来，接受别人的批评、建议，并改进。例如，不要把你的小说只给一家出版社看，如果这一家不接受的话，就全盘放弃。你必须再接再厉，给很多家出版社看，一定要给自己的作品充分展示的机会。

如果你为了完成这个计划已经付出了很多，那就坚持下去，也许最艰难的时候，就是离成功最近的时候。

作为竞争者，一定要先巩固到手的利益，再开拓新的市场。不能像"狗熊掰棒子"一样，掰一个扔一个，到最后什么也没得到。也不要在对手的攻击下乱了分寸，慌了手脚，作出一些贸然的举措和决策。无论何时，无论何种情形，抓紧到手的利益才是最重要的。

史密斯原则

如果你不能战胜他们，你就加入到他们中间去。没有永远的敌人，只有永远的利益。无论是合作还是竞争，说到底都是为了利益。这就是约翰·史密斯提出的一条著名的策略型原则——史密斯原则。

争，不单单意味着"你死我活"的争斗，也存在着"你为我所用，我为你所用"的合作。螳臂不能挡车，鸟卵不能击石，如果不能战胜对手，与其自寻死路，不如加入到他们中间去，学会与你的对手合作，达到一种双赢的效果。

学会与敌人合作

从前，有一个农夫靠种地为生。一天，他见自己的农田旁边长有三丛灌木，越看越不顺眼。他认为这些灌木毫无用处，而且还耽误他种地。于是，他决定把这些灌木砍掉当柴烧。可他并不知道，每丛灌木中都住着一群蜜蜂，如果他把灌木砍了，蜜蜂们就无家可归了。因此，在农夫砍第一丛灌木时，里面的蜜蜂出来苦苦哀求："亲爱的农夫，您把灌木砍了也得不到多少柴火，请您行行好，看在我们为您传播花粉的分上，不要砍这丛灌木了！"农夫看着这些令他讨厌的灌木，摇摇头说："即使没有你们，也会有别的蜜蜂为我传播花粉的。"说着，抢起手中的斧头把第一丛灌木砍掉了。

第二天，农夫又来到农田边要砍第二丛灌木。突然，一大群蜜蜂飞了出来，对农夫嗡嗡叫道："可恶的农夫，你胆敢破坏我们的家园，我们就蜇死你！"说着，就朝农夫脸上蜇去。农夫的脸上立即出现了几个大包，又疼又痒。农夫一下怒不可遏，一把火烧了第二丛灌木。

第三天，当农夫正要砍第三丛灌木的时候，住在里面的那群蜜蜂的蜂王飞了出来，对农夫说："睿智的农夫啊！您难道真的要砍掉这些灌木吗？难道您没有意识到它会给您带来多少好处吗？我们蜂窝每年产出的蜂蜜和蜂王浆够您喝一年了。这丛灌木质地细腻，养大了也准能卖个好价钱。"听了蜂王的话，农夫举着斧头的手慢慢放了下来。他觉得蜂王言之有理，决定和蜜蜂合作，做蜂蜜的生意。

就这样，第三群蜜蜂保住了自己的家园，靠的不是恳求和对抗，而是与对手合作。天下熙熙皆为利来，天下攘攘皆为利往，没有永远的敌人，只有永远的利益。农夫砍灌木是为了自己的利益，蜜蜂用更大的利益打动了农夫，用合作的方式留住了自己的家园。

当你的力量比对手弱时，恳求是不能引起同情的，反而会让对手更加瞧不起你，更想早些把你除掉。硬碰硬地对抗，敌我悬殊太大，只能自取灭亡。这时只有智取，与对手合作，用利益打动他，才能达到双赢的目的。当然，要想让强大的对手与不起眼的你合作，你就必须让对手看到与你合作后得到的利益会大大超过不合作，这样才能让对手下定决心与你合作，而不是与你为敌。对于力量相对弱小的你来说，与强大的对手合作只有利而没有弊。不要以为是对手，就一定要摆出势不两立的架势，在利益的追逐中，今天的敌人也许就是明天的伙伴。还有这样一个故事：

在一个产柿子的地方，每年秋天等柿子成熟后，当地的农民都不会把每棵树上的柿子都摘完，而是留着树顶上的柿子不摘。外地人看到后都不明白，就问这些农民为什么不把那些柿子都摘去卖了。当地的农民给了一个让他们很讶异的答案："这些柿子是留给乌鸦的。"乌鸦？为什么会留给乌鸦呢？他们想不明白。那些农民接着说："树上有柿子，乌鸦才会来，乌鸦来吃柿子，也会吃树上的虫子，这样柿子树就不会生病，就能保证明年柿子大丰收。"

这些农民也是在与敌人合作，乌鸦喜欢吃柿子，有时趁农民不备就会偷吃，既然如此，农民就主动地给乌鸦留柿子，让它们帮忙捉虫，这就是双赢。

在商场上，也是如此，要学会与自己的对手合作，在竞争中进步，在合作中获利。

竞争合作以求双赢

竞争与合作从来都不是对立的，它们是相互依存的，与竞争对手合作，与合作伙伴良性竞争，在竞争、合作中互相学习、共同进步。一切以更好的发展为目的，无所谓敌人还是朋友，只要存在共同的利益，就可以一起合作达到共赢。

你可能不敢相信，为了能养出更好的羊，牧场主甚至可以和狼合作。

有一个牧场主养了许多羊。因为他的牧场所在的地方有狼，所以他的羊群总是受到狼的袭击。今天死两只，明天死两只，渐渐地羊的数量越来越少。牧场主为此非常生气，对狼更是恨之入骨。有一天，又有几只羊被咬死了，牧场主再也忍受不了了，就花钱请了几位厉害的猎人把附近的狼全都消灭了。他想，这下可以高枕无忧了，结果却让他大吃一惊。没有狼后，羊变得很懒散，吃吃睡睡，生活很舒适，可它们的肉质却变差了，羊出栏时，销路大大不如以前。牧场主想不通这是为什么，现在他的羊越来越多了，却因为羊肉卖不上价，赚的钱还不如以前有狼的时候多。带着疑问，他去咨询了专家。原来，都是他自己闯的祸。他把狼给消灭了，羊没有了天敌的追赶变得懒得跑动，这样羊肉的质量就会下降，自然就影响了价格。没有了狼，羊的繁殖速度越来越快，对当地的草场也不好，如果草场破坏过于严重，牧场主还得花大价钱修复草场，这更不划算。专家的建议是，请狼回来，与狼共处。牧场主没有办法，只好从别的地方买了几只狼回来，将信将疑地等待结果。不出专家所料，狼回来后，羊的肉质上去了，草场也得到了应有的保护。牧场主终于明白了，狼不只是他的敌人，还可以是他的朋友，他的合作伙伴。

还有一个类似的故事，讲的是牧场主与猎户做朋友的事。

一个养了许多羊的牧场主，和一个养了一群凶猛猎狗的猎户成了邻居。那些猎狗经常跳过两家之间的栅栏，袭击牧场里的小羊羔。每次遇到这种事情，牧场主都只好去请猎户把猎狗关好，但猎户总是不以为意，只是口头上答应，从未有过行动。猎狗咬死、咬伤小羊的事经常发生。终于，牧场主忍无可忍，到镇上去找法官评理。法官听了他的控诉后，说了这么一段话："我可以处罚那个猎户，也可以发布法令让他把猎狗锁起来，但这样一来你就失去了一个朋友，多了一个敌人。你是愿意和敌人做邻居，还是愿意和朋友做邻居?"牧场主想也没想就说："当然是愿意和朋友做邻居了。"听了他的话，法官接着说："那好，我给你出个主意，按我说的去做，不但可以保证你的羊群不再受骚扰，还会为你赢得一个友好的邻居。"牧场主仔细地听了法官的主意，回到家中就照着做了。他从自己的羊群中挑了三只可爱的小羊羔，送给了猎户的三个儿子。猎户的儿子们看到洁白温驯的小羊羔后如获至宝，每天放学都要在院子里和小羊羔玩耍嬉戏。为了防止猎狗伤害儿子们的小羊，猎户专门做了一个大铁笼，把狗结结实实地锁了起来。为了答谢牧场主的好意，猎户还经常送些野味给他，而牧场主也不时用羊肉和奶酪回赠猎户。而且因为这些猎狗的存在，没有人敢来偷牧场主的羊，也没有其他动物敢来他的牧场捣乱。从此，牧场主的羊再也没有受到骚扰，他与猎户还成了朋友。

可见，化敌为友，不是对立而是合作，用友好的方式达到最终目的是再好不过的了。下过跳棋的人都知道，6个人各霸一方，互相是竞争对手，又必须是合作伙伴。因为如果你想到达你的目的地，就必须得利用别人搭的桥，只有大家互相搭桥合作，才能最快地到达目的地。

如果我们只讲求合作，放弃竞争，一味地为别人搭桥铺路，那别人就会先到达目的地，而自己只能以失败收场;相反，如果我们只注重竞争，而忽视合作，一心只想拆别人的路，反而会延误自己的正事，自己依然无法获胜。所以，要在竞争中合作，在合作中竞争，求得双赢。

罗杰斯论断

成功的企业不会等待外界的影响来决定自己的命运，而是始终向前看。这个论断的提出者是美国的 P. 罗杰斯。对待问题的态度应该像对待疾病的态度一样，在身体有些不适的时候，就要及时治疗以免病情发展得更为严重，甚至无法医治。对待问题也要这样，及早地预见问题，将其消灭于萌芽状态，才能有效地解决问题。

真正精明的人对自己所处的环境总是富有洞察力，一旦察觉到对自己不利的势力，在刚看到端倪时就会出手打压，将其扼杀在摇篮之中。否则，坐视其发展壮大到和自己旗鼓相当，甚至强于自己时，一切就都来不及了。

在生活中，学会未雨绸缪、防微杜渐，将一切不利的因素消灭在萌芽状态，将自己的危险降到最低，无疑是明智之举。在竞争中，常常强调"冬天"的人，日子过得未必艰难；一直浸润在"春天"里的人，他的"冬天"或许会提前到来。

未雨绸缪，有备无患

微软公司创始人比尔·盖茨常说："微软离破产只有18个月。"居安思危是审时度势的理性思考，是在超前意识下的反思，是不敢懈怠、兢兢业业、勇于进取的积极表现。

世界著名的信息产业巨子、英特尔公司的前总裁安迪·葛洛夫，在功成身退之后回顾自己的创业史时，曾深有感触地说："只有那些危机感、恐惧感强烈的人，才能够生存下去。"

英特尔成立时，葛洛夫在研发部门工作。1979年，葛洛夫出任公司总裁，刚一上任他立即发动攻势，声称要在一年内从摩托罗拉公司手中抢夺2000个客户，结果英特尔最后共赢得2500个客户，超额完成了任务。此项攻势源于葛洛夫强烈的危机意识，因为他总担心英特尔的市场会被其他企业占领。1982年，由于美国经济形势恶化，公司发展趋缓，他推出了"125%"的解决方案，要求雇员必须发挥更高的效率，以战胜咄咄逼人的日本企业。他时刻担心，日本已经超过了美国。在销售会议上，身材矮小、其貌不扬的葛洛夫，用拖长的声调说："英特尔是美国电子业迎战日本电子业的最后希望所在。"

　　危机意识渗透到安迪·葛洛夫经营管理的每一个细节中。1985 年的一天，葛洛夫与公司董事长兼 CEO（首席执行官）摩尔讨论公司目前的困境。他问："假如我们下台了，另选一位新总裁，你认为他会采取什么行动？"摩尔犹豫了一下，答道："他会放弃存储器业务。"葛洛夫说："那我们为什么不自己动手？"1986 年，葛洛夫为公司提出了新的口号——"英特尔，微处理器公司"，这一战略帮助英特尔顺利地走出了困境。其实，这些皆源于他的危机意识。

　　1992 年，英特尔成为世界上最大的半导体企业。此时英特尔已不仅仅是微处理器厂商，还是整个计算机产业的领导者。1994 年，一个小小的芯片缺陷，再次将葛洛夫置于生死关头。12 月 12 日，IBM（国际商业机器公司）宣布停止发售所有奔腾芯片的计算机。预期的成功变成泡影，一切变得不可捉摸，员工心神不宁。12 月 19 日，葛洛夫决定改变方针，更换所有芯片，并改进芯片设计。最终，公司耗费相当于奔腾 5 年广告费的巨资完成了这一工作。英特尔活了下来，而且更加生机勃勃。是葛洛夫的性格和他的危机意识再次挽救了公司。

　　在葛洛夫的带领下，英特尔把许多利润都花在了研发上。葛洛夫那句"只有恐惧、危机感强烈的人，才能生存下去"的名言已成为英特尔企业文化的象征。

　　居安思危，方可安身，贪图安逸则会亡身。只有如葛洛夫那样充满危机意识，我们才能在激烈的竞争中处于不败的境地。每一个竞争者都要把葛洛夫的例子装在心中，将"永远让自己处于危机与恐惧中"的话记在心中。只有时时提醒自己不断进步，才能在激烈的竞争中生存下来，开创出属于自己的一片天地。

培养自己的预见力

　　未来是不确定的，计划在不确定因素面前显得无能为力，所以你必须随机应变，前提是你必须有确定的目标和长远的计划。

我们很容易被眼前的利益蒙蔽双眼，从而忽视潜伏于远方的危险，在不知不觉中失败。因此，我们一定要高瞻远瞩，培养自己预见未来的能力。

公元前415年，雅典人准备远征西西里岛，他们以为战争会给他们带来财富和权力，但是他们没有考虑到战争的危险性和西西里人抵抗的顽强性。由于求胜心切，战线拉得太长，他们的力量被分散了，再加上西西里人团结一致，他们更难以应付了。雅典的远征导致了自身的覆灭。

胜利的果实的确诱人，但远方隐约浮现的灾难更加可怕。因此，不要只想着胜利，还要想到潜在的危险，这种危险有可能是致命的，不要因为眼前的利益而毁了自己。

我们应时刻保持头脑清醒，根据变化随时调整自己的计划。世事变幻莫测，我们必须具有一定的预见未来的能力，过分执着于一项计划是不明智的，实现目标可以通过多种途径，不要抓住一个不放。

第 三 章

成功人际关系法则

首因效应

首因效应又叫第一印象效应，指交往双方形成的第一印象对今后交往关系的影响，即"先入为主"带来的效果。虽然这些第一印象并非总是正确的，却是最鲜明、最牢固的，并且影响着以后双方交往的进程。

第一印象很重要

当今社会，大家都认为工作不好找，尤其是刚毕业的学生。其实，如果把握好求职时的第一印象，效果往往会出乎意料。

一个新闻系的毕业生正急于找工作。一天，他到某报社对总编说："你们需要一个编辑吗？"

"不需要！"

"那么记者呢？"

"不需要！"

"那么排字工人、校对呢？"

"不，我们现在什么空缺都没有。"

"那么，你们一定需要这个东西。"说着他从公文包中拿出一块精致的小牌子，上面写着"额满，暂不雇用"。总编看了看牌子，微笑着点了点头，说："如果你愿意，可以到我们广告部工作。"

这个大学生通过自己制作的牌子，表现了自己的机智和乐观，给总编留下了良好的"第一印象"，引起了对方的兴趣，从而为自己赢得了一份满意的工作。这也是为什么当我们进入一个新环境，参加面试，或与某人第一次打交道的时候，常常会听到这样的忠告："要注意你给别人的第一印象！"

也许你会好奇，第一印象真的有那么重要，以至于在今后很长时间内都会影响别人对你的看法吗？一位心理学家曾做了这样一个实验：

心理学家设计了两段文字，描写一个叫吉姆的男孩一天的活动。其中，一段将吉姆描写成一个活泼外向的人：他与朋友一起上学，与熟人聊天，与刚认识不久的女孩打招呼等；另一段则将他描写成一个内向的人：易害羞，不善言辞，较难适应环境的变化。

研究者让一些人先阅读描写吉姆外向的文字，再阅读描写他内向的文字；而让另一些人先阅读描写吉姆内向的文字，后阅读描写他外向的文字。然后请所有人来评价吉姆的性格特征。

结果，先阅读外向文字的人中，有78%的人评价吉姆热情外向；而先阅读内向文字的人中，只有18%的人认为吉姆热情外向。

由此可见，第一印象真的很重要！事实上，一旦人们对你形成了的某种第一印象，往往日后也很难改变。而且，人们还会寻找更多的理由去支持这种印象。有的时候，尽管你的表现并不符合原先留给别人的印象，但人们在很长一段时间内仍然要坚持对你最初的评价。例如，一对结婚多年的夫妻，最清晰难忘的是初次相逢的场景，他们把在什么地方，什么情景，什么姿势，开口说的第一句话，甚至是窘态和可笑的样子都记得清清楚楚，终生难忘。

成功打造第一印象

知道了第一印象的重要性，现在我们来谈谈应该怎样给别人留下良好的第一印象。

通常，第一印象包括相貌、谈吐、服饰、举止、神态，它们对于感知者来说都是新的信息，对感官的刺激也比较强烈，有一种新鲜感。这好比在一张白纸上，第一笔抹上的色彩总是十分清晰、深刻的。后来增加的接触，各种信息的刺激，往往盖不住鲜明的初次印象。所以，第一印象的重要性还是显而易见的，它在以后的交往中起了"心理定式"的作用。

如果你与人初次见面就不言不语、反应缓慢，给人的第一印象基本就是呆板、虚伪、不热情，对方就很可能不愿意继续了解你，即使你尚有许多优点，也不会被人接受；而如果你给人留下的第一印象是风趣、直率、热情，即使你身上有一些缺点，对方也会用自己最初捕捉的印象来帮你掩饰短处。

通常来说，要想给他人留下良好的第一印象，必须牢记以下5点：

（1）言行举止讲究文明礼貌。

语言表达要简明扼要，不乱用词语；别人讲话时，要专心地倾听，态度谦虚，不随便打断；在听的过程中，要善于通过肢体语言和话语给对方以必要的反馈；不追问自己不必知道或别人不想回答的事情，以免给人留下不好的印象。

（2）仪表、举止得体。

得体的仪表、高雅的举止、和蔼可亲的态度等是个人品格修养的重要部分。在一个新环境里，别人对你还不完全了解，过分随便有可能引起误解，产生不良的第一印象。当然，仪表得体并不是非要用名牌服饰包装自己，更不是过分地修饰，因为这样反而会给人留下一种轻浮浅薄的印象。

（3）显露自信和朝气蓬勃的精神面貌。

自信是人们对自己的才干、能力、个人修养、文化水平、健康状况、相貌等情况的一种自我认同和自我肯定。一个人要是走路时步伐坚定，与人交谈时谈吐得体，说话时目光正视对方，善于运用眼神交流，就会给人自信、可靠、积极向上的感觉。

（4）微笑待人，不卑不亢。

第一次见面，热情地握手、微笑、点头问好，都是人们把友好的情意传递给对方的途径。在社会生活中，微笑已成为典型的人格特征，有助于人们之间的交往。但与别人第一次见面时，笑要有度，不停地笑有失庄重。言行举止也要注意场合，过度亲昵的举动，难免有轻浮、油滑之嫌。尤其是对有一定社会地位的人，不应表露巴结、讨好的意思。趋炎附势的行为不仅会引起当事人的蔑视，在场的其他人也会瞧不起你。

（5）讲信用，守时间。

现代社会，人们对时间越来越重视，往往把不守时和不守信用联系在一起。若你第一次与人见面就迟到，可能会造成难以弥补的损失，最好避免。

刺猬法则

所谓"私人空间"，是指环绕在人体四周的一个抽象范围，用眼睛没法看清它的界限，但它确确实实存在，而且不容他人侵犯。

当别人过于接近你时，你可以通过调整自己的位置来逃避这种接近；但是如果四周挤满了人而无法改变位置时，你只好以对其他人漠不关心的态度来掩饰心中的不快，所以看上去神态木然。

保持一定的距离

一位生物学家做过一个实验：在冬季的一天，把十几只刺猬放到户外空地上。这些刺猬被冻得浑身发抖，为了取暖，它们紧紧地靠在一起，而相互靠拢后，因为它们身上长着的长刺把彼此刺疼了，所以大家很快就分开了。但寒冷又迫使大家再次围拢，疼痛又迫使大家再次分离。如此反复多次，它们终于找到了一个合适的位置——保持一个忍受最轻微疼痛又能最大限度取暖御寒的距离。其实，人与人之间亦是如此，良好的人际关系需要保持适当的距离。

关于这方面，一位心理学家曾做过这样一个实验：在一个刚刚开门的阅览室，当里面只有一位读者时，心理学家进去拿了把椅子，坐在那位读者的旁边。实验进行了 80 个人次。结果证明，在一个只有两位读者的空旷的阅览室里，没有一个被试者能够忍受一个陌生人紧挨着自己坐下。当他坐在那些读者身边后，被试者不知道这是在做实验，很多人选择默默地离开，到别处坐下，甚至还有人干脆明确表示："你想干什么？"

这个实验向我们证明了，任何一个人，都需要有一个自己可以把握的自我空间，如果这个空间被人触犯，就会感到不舒服、不安全，甚至会恼怒起来。

所以，我们在现实生活中，在人际交往中，一定要把握适当的交往距离，就像前面互相取暖的刺猬那样，既互相关心，又有各自独立的空间。

交际中的距离

既然距离在人际交往中如此重要，那么，究竟保持多远的距离才合适呢？一般而言，交往双方的人际关系以及所处情境决定着相互间自我空间的范围。

美国人类学家爱德华·霍尔博士划分了 4 种区域或距离，各种距离都与双方的关系相称。

（1）亲密距离。

亲密距离即我们常说的"亲密无间"，是人际交往中最小的间隔，其近范围在 0.15 米之内，彼此间可以肌肤相触、耳鬓厮磨，以至能感受到对方的体温、气味和气息。其远范围是 0.15 米—0.44 米，身体上的接触可能表现为挽臂执手或促膝谈心，仍体现出亲密友好的人际关系。

这种亲密距离属于私人情境，只限于在情感联系上高度密切的人之间使用。在社交场合，大庭广众之下，两个人（尤其是异性）如此贴近，就不太雅观了。在同性别的人之间，往往只限于贴心朋友，彼此十分熟识而随和，可以不拘小节，无话不谈；在异性之间，只限于夫妻和恋人。因此，在人际交往中，一个不属于这个亲密距离圈子内的人随意闯入这个空间，不管他的用心如何，都是不礼貌的，会引起对方的反感，也会自讨没趣。

（2）个人距离。

这是人际关系中稍有分寸感的距离，较少有直接的身体接触。个人距离的近范围为 0.46 米—0.76 米，正好能相互握手，友好交谈。这是与熟人交往的空间，陌生人进入这个范围会构成对别人的侵犯。个人距离的远范围是 0.76 米—1.22 米，任何朋友和熟人都可以自由地进入这个空间。不过，在通常情况下，较为融洽的熟人之间交往时保持的距离更靠近远范围的近距离（0.76 米）一端，而陌生人之间的谈话则更靠近远范围的远距离（1.22 米）一端。

在人际交往中，亲密距离与个人距离通常都是在非正式社交情境中使用的，在正式社交场合则使用社交距离。

（3）社交距离。

这个距离已超出了亲密或熟人的人际关系，体现出一种社交性或礼节上的较正式关系。其近范围为 1.2 米—2.1 米，一般在工作环境和社交聚会上，人们都保持这种程度的距离。社交距离的远范围为 2.1 米—3.7 米，表现为一种更加正式的交往关系。例如，公司的经理们常用一个大而宽的办公桌，并将来访者的座位放在离桌子有一段距离的地方，这就是为了与来访者在谈话时保持一定的距离。还有，企业家之间的谈判、工作招聘时的面试、教授和大学生的论文答辩等，往往都要隔一张桌子或保持一定距离，这样就增加了一种庄重的气氛。

（4）公众距离。

通常，这个距离指公开演说时演说者与听众所保持的距离。其近范围为 3.7 米—7.6 米，远范围在 7.6 米之外。这是一个几乎能容纳一切人的"开放"空间，人们完全可以对处于空间内的其他人"视而不见"、不予交往，因为相互之间未必发生一定的联系。因此，这个空间的活动大多是当众演讲之类的，当演讲者试图与一个特定的听众谈话时，他必须走下讲台，使两个人的距离缩短为个人距离或社交距离，才能够实现有效沟通。当然了，人际交往的空间距离不是固定不变的，它具有一定的伸缩性，这依赖于具体情境和交谈双方的关系、社会地位、文化背景、性格特征、心境等。

了解了交往中人们所需的自我空间及适当的交往距离，我们就能够有意识地选择与人交往的最佳距离。而且，通过空间距离的信息，还可以很好地了解一个人的社会地位、性格以及人们之间的相互关系，更好地进行人际交往。

投射效应

在人际交往中，认识和评价别人的时候，我们常常免不了受自身特点的影响，总会不由自主地以自己的想法去推测别人的想法，觉得既然我们这么想，别人肯定也这么想。

例如，贪婪的人，总是认为别人也都嗜钱如命；自己经常说谎，就认为别人也总是在骗人；总是自我感觉良好，就认为别人也都觉得自己很出色。

"投射"的心结

苏东坡和佛印和尚是好朋友，一天，东坡先生去拜访佛印，与佛印相对而坐，东坡先生对佛印开玩笑说："我看你是一堆狗屎。"而佛印则微笑着说："我看你是一尊金佛。"东坡先生觉得自己占了便宜，很是得意。回家后，东坡先生得意地向妹妹提起这件事，苏小妹说："哥哥你错了。佛家说'佛心自现'，你看别人是什么，就表示你看自己是什么。"

也许你会一笑置之，但苏小妹的话确实是有道理的。

你可能要问苏小妹的话为何有道理，从心理学的角度看，她正好指出了人喜欢把自己的想法投射到他人身上的投射效应。俗语说"以小人之心度君子之腹"，讲的就是小人总喜欢用自己卑劣的想法去猜测品行高尚的人的心思。

与之类似，曾有这样一个有趣的笑话：

一天晚上，在漆黑偏僻的公路上，一个年轻人的汽车抛了锚——汽车轮胎爆了。

年轻人下来翻遍了工具箱，也没有找到千斤顶。这条路很长时间内又不会有其他车子经过。怎么办？年轻人远远望见一座亮灯的房子，决定去那户人家借千斤顶。可是他又有许多担心，在路上，他不停地想：

"要是没有人来开门怎么办？"

"要是没有千斤顶怎么办？"

"要是那家伙有千斤顶，却不肯借给我，该怎么办？"

顺着这种思路想下去，他越想越生气。他走到那间房子前，敲开门，主人一出来，冲着人家劈头就是一句："你那千斤顶有什么稀罕的！"

主人一下子被弄得丈二和尚摸不着头脑，以为来的是个精神病人，就"砰"的一声把门关上了。

我们不难发现，这个年轻人，错就错在把自己的想法投射到了房子主人的身上。

1974 年，心理学家希芬鲍尔曾做了这样一个实验：

他邀请一些大学生作为被试者，将他们分为两组。给其中一组学生放喜剧电影，让他们心情愉快；而给另外一组学生放恐怖电影，让他们产生害怕的情绪。然后，他又给这两组学生看相同的一组照片，让他们判断照片上的人的面部表情。

结果，看了喜剧电影心情愉快的那组大学生认为照片上的人也是开心的表情，而看了恐怖电影心情紧张的那组大学生则认为照片上的人是紧张害怕的表情。

这个实验说明，被试的大部分学生将照片上人物的面部表情视为自己的情绪体验，即将自己的情绪投射到他人身上。

其实，投射效应的表现形式除了将自己的情况投射到别人身上外，还有另一种表现——感情投射。即对自己喜欢的人或事物越看越喜欢，越看优点越多；对自己不喜欢的人或事物越看越讨厌，越看缺点越多。这种情况多发生在恋爱期间，如热恋时人们喜欢在周围人面前吹嘘自己的另一半如何完美无缺。一旦失恋，对对方的憎恨之情则溢于言表，并言过其实。

所以，知道了投射效应对我们产生的影响——知觉失真，我们就要在与他人交往的过程中保持理性，避免受这种效应的不良影响。

走出投射效应误区

哲学上曾讲过，对任何事物我们都应辩证地去看。没错，投射效应也不例外。

一方面，这种效应会使我们拿自己的感受去揣度别人，缺少了人际沟通中认知的客观性，从而造成主观臆断并陷入偏见的深渊，这是需要我们克服的。《庄子·天地》中记载了这样一个故事：

尧到华山视察，华封人祝他"长寿、富贵、多男子"，尧都辞谢了。华封人说："寿、富、多男子，人之所欲也。汝独能不欲，何邪？"尧说："多男子则多惧，富则多事，寿则多辱。是三者，非所以养德也，故辞。"

通过这个故事，我们发现，人的心理特征各不相同，即使是"寿、富"等基本目标，也不能随意"投射"给他人。

由于产生投射效应是主观意识在作祟，所以我们可以通过保持理性，克服潜意识和惯性思维，让事物还原为本来的面目，从而消除这种效应带来的不良影响。

首先，我们要客观地认清别人与自己的差异，不断完善自己，不能总是以己之心度人之腹。其次，我们要承认和尊重差异，多角度、全方位地去认识别人。最后，为了避免投射效应，我们需要学会换位思考，也就是设身处地地站在对方的立场上去看问题。与人交往时，如果我们能为对方着想，理解对方的需要和感受，就能与他人进行良好的交流和沟通，也更容易达成谅解和共识。

另一方面，我们也不可否认，因为人性有相通之处，有时不同的人的确会产生相同的感受。那么，我们就可以利用一个人对别人的看法来推测这个人的真正意图或心理特征。正如钱钟书所说"自传其实是他传，他传往往却是自传"，要了解某人，看他的自传，不如看他为别人做的传。

例如，你在帮公司招聘人员的时候，想了解求职者真实的应聘目的，就可以设计这样的问题：

你应聘本公司的主要原因是什么？

A. 工作轻松 B. 有住房 C. 公司理念符合个人个性 D. 有发展前途 E. 收入高

你认为跟你一起到本公司应聘的其他人的主要原因是什么？

A. 工作轻松 B. 有住房 C. 公司理念符合个人个性 D. 有发展前途 E. 收入高

显然，第一个题目并没有多大意义，大部分求职者都会选择 C 或 D；第二个题目，则可以考察求职者的心理投射，求职者一般会根据自己内心的真实想法来推测别人，其答案往往也就是求职者内心的想法。

那么，在谈话或招聘过程中，我们就可以利用投射效应了解交际对象的态度和动机，进而给我们带来积极的影响。

因此，对待交际中的投射效应，我们要学会辩证地看待其影响，用理智避开它不利的一面，用智慧运用好它有利的一面。

自我暴露定律

你有自己的小秘密吗？你是否发现自己与身边最亲密的人往往分享着彼此的许多秘密，而对于那些交情一般的人，你们之间几乎没讲过任何秘密？你还可以回想一下，与最好的朋友之间的友谊，是不是从那次你们互诉真心开始建立的？想必，你对上述几个问题的答案基本都是"是"。不必奇怪，这就是人际交往中的自我暴露定律。

研究交际心理学的人士曾指出，让别人看到自己的缺点或弱点，别人才会觉得你真实可信、不虚假，从而产生亲近感；反之，完全把自己"藏起来"，就会使人感觉做作、虚伪、有压力。

适当的自我暴露

小敏是宿舍中最擅长交际的一个，人也长得漂亮。但同宿舍甚至同班的其他女孩都找到了男朋友，唯独漂亮、擅长交际的小敏仍是独自一人。

为什么呢？她身边的同学都表示，她太神秘了，别人很难了解她。和她有过接触的男同学也说，刚开始和她交往时，感觉她是个活泼开朗的女孩，但时间一长，就发现她其实很封闭。

原来，小敏一直对自己的私生活讳莫如深，从不和别人谈论自己，每当别人问起时，她就把话题岔开，怪不得同学们都觉得她神秘呢！

生活中有一些人是相当封闭的，当对方向他们说出心事时，他们却总是对自己的事情闭口不谈，但这种人不一定都是内向的。有的人话虽然不少，但是从不触及自己的私生活，也不谈自己内心的感受。

人之相识，贵在相知；人之相知，贵在知心。要想与别人成为知心朋友，就必须表露自己的真实感情和真实想法，向别人讲心里话，坦率地表露自己、陈述自己、推销自己，这就是自我暴露。

当自己处于明处，对方处于暗处时，你一定会感到不舒服。自己表露情感，对方却讳莫如深，不和你交心，你一定不会对他产生亲切感和信赖感。当一个人向你表白内心深处的感受时，你可以感觉到对方信任你，想和你进行情感沟通，这就会一下子拉近你们之间的距离。

在生活中，有的人知心朋友比较多，虽然他（她）看起来不是很擅长社交。如果你仔细观察，会发现这样的人一般都有一个特点，就是为人真诚，渴望情感沟通。他们说的话也许不多，但都是真诚的。他们有困难的时候，总会有人来帮忙，而且很慷慨。

而有的人，虽然很擅长社交，甚至在交际场合中如鱼得水，但是他们却很少有知心朋友。因为他们习惯说场面话，做表面功夫，交朋友又多又快，感情却都不是很深。因为他们虽然说很多话，却很少暴露自己的真实感情。

要明白，人和人在情感上总会有相通之处。如果你愿意向对方适度袒露，就会发现彼此有共同之处，从而和对方建立某种感情的联系。向可以信任的人吐露秘密，有时会一下子赢得对方的心，获得一生的友谊。若希望结交知心朋友，你不妨先对他们敞开心扉！

暴露自己要有度

人们常说："凡事要有度，凡事不能过度。"一点也没错，在交际中，自我暴露是赢得他人好感的有效方式，但这种暴露同样要做到适度。

小鱼是某大学的研究生，刚入学不久，她就把同班同学"雷"倒了。一天上午，课间休息时，坐在前排的她转过身和一位同学借笔记，还回来时笔记里竟然夹了一张男生的照片，于是小鱼打开了话匣子，跟后面的同学聊了起来，说那是她在火车上认识的新男友，正在热恋中。她从她和男友在哪里租了房子、昨天买了什么菜、谁做的晚饭，说到她如何幸福，甚至说到了二人世界里亲密的小细节。

这样的事情有很多，而且她经常不分时间、场合随便就跟别人讲起自己的一些私事。后来，同学们一见到她就躲开了，大家都受不了她了。

通过上面的例子我们可以看出，在人际交往的过程中，自我暴露要有一个度，过度的自我暴露反而会惹人厌。

在人际交往中，自我暴露应注意以下几个问题：

首先，自我暴露应遵循对等原则，即当一个人的自我暴露与对方相当时，才能使对方产生好感。比对方暴露得多，会给对方很大的威胁和压力，对方会采取避而远之的防卫态度；比对方暴露得少，又显得缺乏交流的诚意，交不到知心朋友。

其次，自我暴露应循序渐进。自我暴露必须缓慢到相当温和的程度，缓慢到足以使双方都不感到惊讶。如果过早地涉及太多的个人隐私，反而会引起对方的忧虑和不信任，认为你不稳重、不值得托付，从而拉大了双方的心理距离。

真正的亲密关系建立得很慢，它的建立需要彼此信任和不断深入的相处体验。因而，你的自我暴露必须以逐步深入为基本原则，这样你才会讨人喜欢，才能交到知心朋友。

刻板效应

偏见源于何处呢？一些社会心理学家认为，偏见来源于刻板印象。

刻板印象指的是人们对某一类人或事物产生的比较固定、概括而笼统的看法，是我们在认识他人时经常出现的一种现象。

刻板印象的形成，主要是由于我们在人际交往的过程中，没有时间和精力去和某个群体中的每一位成员都进行深入的交往，而只能与其中的一部分成员交往。因此，我们只能"由部分推知全部"，由我们所接触到的部分，去推知这个群体的全部。

人们一旦对某个事物形成某种印象，就很难改变。

偏见的认知

美国一些心理学家分别于 1932 年、1951 年和 1967 年对普林斯顿大学的学生进行了 3 次有关民族性格刻板印象的调查。他们让学生选择 5 个他们认为某个民族最典型的性格特征。3 次调查的结果大致相同，如下表所示：

民族	性格特征
美国人	勤奋、聪明、实利主义、有雄心、进取
英国人	爱好运动、聪明、沿袭常规、传统、保守
德国人	有科学头脑、勤奋、不易激动、聪明、有条理
犹太人	精明、吝啬、勤奋、贪婪、聪明
日本人	聪明、勤奋、进取、精明、狡猾
意大利人	爱艺术、冲动、感情丰富、急性子、爱好音乐

雷兹兰、西森斯、休德费尔等人的研究也充分证实了这种刻板

效应对人认识的影响。

　　生活中，人们都会不自觉地把人按照年龄、性别、外貌、衣着、言谈、职业等外部特征归为各种类型，并认为每一类型的人有共同特点。在交往观察中，凡对象同属于某一类，便用这一类人的共同特点去理解他们。比如，人们一般认为工人豪爽，军人雷厉风行，商人大多较为精明，知识分子是戴着眼镜、面色苍白的是"白面书生"，农民粗手大脚、质朴安分等。诸如此类的看法都是类化的看法，都是人脑中形成的刻板、固定的印象。

克服刻板效应

　　刻板效应的产生，一是来自直接交往产生的印象，二是来自他人介绍或传播媒介的宣传。刻板效应既有积极作用，又有消极作用。居住在同一个地区、从事同一种职业、属于同一个种族的人总会有一些共同的特征。刻板印象建立在对某类成员抽象概括认识的基础上，反映了这类成员的共性，有一定的合理性和可信度，所以它可以简化人们的认知过程，有助于人们迅速作出判断，帮助人们快速有效地适应环境。但是，刻板印象毕竟只是一种概括而笼统的看法，并不能代替活生生的个体，因而"以偏概全"的错误总是发生。如果不明白这一点，在与人交往时，宁可相信刻板印象，也不相信自己的切身经验，就会出现错误，导致人际交往的失败，自然也就无助于我们获得成功。刻板效应容易使人的认识僵化、保守，人们一旦形成不正确的刻板认识，用这种定型的观念去衡量事物，就会造成认知上的偏差，如同戴上"有色眼镜"去看人一样。

　　刻板效应具有"浅尝辄止"的特点，对个体或者某一群体的分类往往过于简单和机械，有的甚至只依靠表面认识就加以定性。刻板效应同时具有区域共性，在同一社会、同一群体中，由于同一文化背景、价值观念、信息来源的影响，刻板印象具有惊人的一致性。刻板效应还具有强烈的主观性，人们往往凭着偶然的经验进行评判或分类，大多是以偏概全，甚至是颠倒是非。假如最初我们认定日本人勤劳、有抱负而且聪明，美国人讲求实际、爱玩又善于适应新环境，犹太人有野心、勤奋又精明，女人比男人更会养育子女、照料他人而且温柔顺从，戴眼镜的人都聪明，教授都有点古怪而且平日里都是一副漫不经心的样子等，当我们与上述人群初次相遇时，就会不自觉地套用已有的概念，而结果往往是陷入啼笑皆非的尴尬局面。

教师、学生家长或者其他人员，在评价学生的人格时首先要有大系统思维观，切忌单线思维或者直线思维，要考虑事情原因的多样性和结果的复杂性，而不是"一个事物、一种现象、一个结果"。其次，要用发展的眼光来看问题，世界时时刻刻处在发展变化中，如果用刻舟求剑的办法处理问题，只会落后、闹笑话，最终导致严重错误。再次，要多方位、多角度观察学生，"横看成岭侧成峰，远近高低各不同"。只有观察多了，才有可能比较全面地认识一个人。

克服刻板效应的关键：

一是要善于用"眼见之实"去核对"偏听之辞"，有意识地寻求和重视与刻板印象不一致的信息。二是深入到群体中去，与群体中的成员广泛接触，并加强与群体代表成员的沟通，不断地检索、验证刻板印象中与现实相悖的信息，最终克服刻板印象的负面影响，获得准确的认识。

因此，我们要避免刻板效应的消极影响，努力学习新知识，不断扩大视野，拓展思路，更新观念，培养自己良好的思维方式。

互惠定律

得到对方的恩惠就一定要报答，是人类社会中一个根深蒂固的行为准则。如果从别人那里得到了好处，我们就会回报对方；如果一个人帮了我们，我们也会帮他，或者送他礼品，或者请他吃饭；如果别人记住了我们的生日，并送了我们礼品，我们也会这么对待他。

投桃报李，学会感恩

爱默生说过："人生最美丽的补偿之一，就是人们真诚地帮助别人的同时也帮助了自己。"你送出什么就收回什么，你播种什么就收获什么。你帮助的越多，你得到的也就越多；你越吝啬，也就越有可能一无所获。"爱别人就是爱自己"这句很经典的话，其实已说出了人际关系的"核心秘密"——你给予别人所需要的，他们也会给予你所需要的。

古语云："投我以桃，报之以李。"对于别人给予的恩惠，我们不能无动于衷，而要以另一种方式来报答他人。

在第一次世界大战中，为了刺探对方敌情，各国专门培训了一批特种兵，其任务是深入敌后，抓俘虏回来审讯。

当时的战争是堑壕战，大队人马要想穿过两军对垒的前沿无人区是十分困难的，但如果只是一个士兵悄悄爬过去，溜进敌人的战壕，相对来说就比较容易了。

有一个德军特种兵以前曾多次成功地完成了这项任务，这次他又接到任务出发了。他很熟练地穿过两军之间的地带，悄无声息地出现在敌军战壕中。

一个落单的敌军士兵正在吃东西，毫无戒备，一下子就被德国兵缴了械。他手中还举着刚才正在吃的面包，这时他把一块面包递给了对面突袭的德国兵。

德国兵一下子被这个举动打动了，他作出了不可思议的行为——他没有俘虏这个敌军士兵，而是将其放了，自己空着手回去了，虽然他知道回去后上司会大发雷霆。

这个德国兵为什么这么容易就被一块面包打动了呢？其实，人的心理是很微妙的，在得到别人的好处或接受别人的好意后，就想要回报对方。虽然德国兵从对手那里得到的只是一块面包，或者他根本就没有想要那块面包，但是他感受到了对方对他的善意。即使这善意中包含着一种恳求，但这毕竟是一种善意，是很自然地表达出来的。他在心里觉得，无论如何也不能把一个对自己好的人当俘房抓回去，更别说要了这个人的命。

其实这个德国兵不知不觉地受到了心理学上互惠定律的影响。一位心理学教授做过一个小小的实验，证明了这个定律：

他在一群素不相识的人中随机抽样，给挑选出来的人寄去了圣诞卡片。没有想到的是，大部分收到卡片的人都给他回寄了一张，而实际上他们都不认识他。

给他回赠卡片的人，根本就没有想过打听一下这位陌生的教授到底是谁，他们收到卡片后，自动就回赠了一张。他们想，可能自己忘了这位教授是谁了，或者这位教授有什么原因才给自己寄卡片。不管怎样，自己不能欠人家的情，给对方回寄一张总是没有错的。

这个实验虽小，却证明了互惠定律的作用。人与人的相处其实是很简单的，你想要别人把你当朋友，那你必须先把别人当朋友。

播种爱心，收获友谊

中国人历来讲究礼尚往来，这似乎也是人类交往时的不成文规则。人与人交往讲究互惠互利，双方需要保持利益平衡，如果利益平衡被打破，就会导致关系破裂。互相帮助，有来有往，用真心换取真心，这样才能使我们赢得更多的人心，也能使友谊更加稳固。

人与人之间的互动，就像坐跷跷板一样，要高低交替。一个永远不肯吃亏、不肯让步的人，即使得到了好处，也是暂时的，他迟早会被别人讨厌和疏远。得到别人的好处或好意后及时回报，这样能够表明自己是一个知恩图报的人，有利于人际交往。

在人生的旅途中，我们一直在播种，也许我们不经意的一次善举，就会获得意想不到的惊喜。当然，我们付出的时候并不是为了得到回报，可生活就是这样，有播种就会有收获。对我们来说也许只是绵薄之力，对需要帮助的人来说则可能是新的人生起点。

　　在尼泊尔被白雪覆盖的山路上，刺骨的寒气伴随着暴风雪，让人很难睁开双眼。有个男子走了很久，好不容易碰到一个旅行家，两个人自然而然地成了旅途上的同伴。半路上，他们看到一个老人倒在雪地里，如果置之不理，老人一定会被冻死。"我们带他一起走吧，先生，请你帮帮忙！"男子提议。旅行家听了很生气地说："这么大的风雪，咱们照顾自己都困难，还顾得了谁呀！"说完便独自离去了。

　　这个男子只好一个人背起老人继续往前走。不知过了多久，他全身都被汗水浸湿了，这股热气也温暖了老人冻僵的身体，老人慢慢恢复了知觉。两人将彼此的体温当成暖炉相互取暖，忘记了寒冷的天气。

　　"得救了，老爷爷，我们终于到了！"看到远处的村庄，男子高兴地对背上的老人说。当他们来到村口时，发现一群人聚在一起议论纷纷。男子挤进人群中一看，原来是有个人僵硬地倒在了雪地上。当他仔细观看尸首时，吓了一大跳——冻死在距离村子几步之遥的男人，竟然就是当初为了自己活命而先行离开的那个旅行家。

　　赶路的男子并不知道帮助老人会为自己赢得生机，他只是出于悲悯之心才背着老人行进的。"救人一命，胜造七级浮屠。"男子的善心不但救了老人的性命，更让自己走出了困境，而旅行家则为他的自私付出了代价。

　　面对需要帮助的人，千万不要吝惜自己的爱心，善待他人，把你的爱心奉献出来。在不经意间，也许会有意想不到的惊喜。播种你的爱心，让它在你的周围生根发芽，当你迎来硕果累累的金秋时，你就是"富翁"。

换位思考

　　换位思考是一种态度，更是一种品德。懂得换位思考的人，才值得别人尊敬。如果你不想别人啐你的脸，那你就不要随地吐痰；如果你不想别人用污秽的字眼说你，那你也不要随便辱骂别人；如果你不想自己被人瞧不起，那你也不要戴着"有色眼镜"看人。

总之，己所不欲，勿施于人。站在别人的立场上考虑问题，希望别人怎么对待你，你就怎么对待别人。

己所不欲，勿施于人

曾经有位因不会与人交往而处处遭人白眼的年轻人，非常苦恼地去找智者，希望智者能告诉他与人交往的秘诀。结果，智者只送了他四句话："把自己当成别人，把别人当成自己，把别人当成别人，把自己当成自己。"年轻人当时不明白，以为智者不想告诉他秘诀，所以随便说了几句来敷衍他。而智者却说："你回去吧，这就是秘诀。你会明白的。"后来，这位年轻人反复琢磨，经过实践，终于明白了智者的话。与人交往的秘诀其实就是换位思考。

我国自古就有"己所不欲，勿施于人"的古训，西方的《圣经》里也有这样的教义，你们愿意别人怎样待你，你们就怎样对待别人。人与人的交往，都是将心比心的。只有懂得为别人考虑的人，才能获得别人的真情。生活中，每个人所处的环境、地位、角色不尽相同，所以每个人对同一事物的看法也会有所不同。不要只从自己的立场出发来想事情，要懂得站在别人的立场上看问题，这样你的观点才会更客观，你的胸怀才会更宽广，你的朋友才会更多，你的事业才会更成功。

这世上有很多争吵，都是因为我们不会站在别人的立场上看问题导致的。如果我们每个人都能站在别人的立场上、为别人考虑，那么这个世界将变成爱的海洋、和谐美满的天堂。妻子总觉得丈夫不体贴，丈夫总觉得妻子不温柔；老师总觉得学生不听话，学生总觉得老师不讲道理；家长总觉得孩子不可救药，孩子则认为家长专制独裁；老板总认为员工爱偷懒，员工总觉得老板是"吸血鬼"……大家都只从自己的立场出发想问题，那将无法进行沟通和理解彼此。

从前，有一个男人厌倦了天天忙碌的工作，每天回家看到妻子时，总是羡慕她的悠闲舒适。于是有一天，他向上帝祈祷，希望上帝把他变成女人，让他和妻子互换角色。结果，第二天祈祷灵验了：他变成了妻子的模样，妻子变成了他的模样。他高兴极了，心想以后我就能享受美好的悠闲生活了。可还没等他想完，妻子就抗议道："你怎么还不去做早餐，我上班要迟到了。"于是，他赶紧起床去做早餐。做完早餐，又去叫孩子们起床，给孩子们穿衣服，喂早餐，装午餐，送孩子们上学。回到家后，又开始打扫卫生，洗衣服，到超市买菜，准备晚餐……才一天，他就受不了了，太累了，比他上班还累。第二天一醒来，他就祷告，请求上帝再把他变回去，而上帝却对他说："把你变回去，可以。但是，要再等 10 个月，因为你昨天晚上怀孕了。"

这个有意思的故事说的还是换位思考的问题。不要以为别人的工作就比你轻松，别人就比你活得容易。

每个人都有每个人的责任，每个人都有每个人的忧喜。只有设身处地地为他人考虑，你才能真正地了解他的想法，理解他的行为。

设身处地为他人考虑

其实，设身处地为他人考虑，也就是在为自己考虑。在这个世界上，没有哪个人是不依赖他人而孤立存在的。社会就是人与人合作互助的结果，不懂得为他人考虑的人，也没有人会为你考虑。只想着自己，自私自利的人，以为没有吃亏，却也难有收获，而且还会失去很多，比如尊重、理解、爱戴，以及其他。

曾经看过一个非常悲惨的故事，讲的正是不懂得设身处地为他人考虑而导致的悲剧。

一个参军的年轻人，由于在战场上误踩了地雷，失去了一只胳膊和一条腿。他痛苦万分，但想到爱他的父母，他的心底又燃起了活下去的希望。可他现在这个样子，父母会如何看待他呢？他决定还是先给父母打个电话，再作打算。于是，他拨通了父母家里的电话："爸爸、妈妈，我要回家了。但我想请你们帮我一个忙，我想带一位朋友回去。"父母听后，很高兴："当然可以，我们也很高兴能见到他。"年轻人接着说："但是这位朋友不是一般的人，他在这次战争中失去了一只胳膊和一条腿。他无处可去，我希望他能来我们家和我们一起生活。"年轻人这话一出口，电话中就传来了父母的拒绝："我们很遗憾听到这件事，但是这样一个残疾人将会给我们带来沉重的负担，我们不能让这个人干扰我们的生活。我想你还是快点回家来，把这个人给忘掉，他自己会找到活路的。"听到这些，年轻人挂了电话。几天后，他的父母接到了警察局的电话，说他们的儿子坠楼而死，调查结果认定是自杀。当悲痛欲绝的父母赶到陈尸间，看到儿子的尸体时，他们惊呆了，他们的儿子只剩下一只胳膊和一条腿。

这就是只想到自己的结果。生活中，这样的悲剧还有很多。灾难发生在别人身上是故事，发生在自己身上才是事故。这世界是公平的，风水轮流转，发生在别人身上的不幸，也可能发生在自己身上。你怎么对待别人，别人就会怎么对待你。所以，要处处为别人考虑。在别人有难时，不要幸灾乐祸，而要想着如何帮助别人。

圣诞节那天，妈妈带着女儿在街上玩。妈妈一个劲地说："宝贝，你看多美啊！"可女儿却回答："我什么美也看不到！"妈妈很生气："你看那漂亮的五彩灯、圣诞树，还有琳琅满目的各式礼品，你怎么会看不到呢?"女儿很委屈："可我真的什么也没看到。"这时，女儿的鞋带开了，妈妈蹲下来为她系鞋带。就在这时，妈妈发现她蹲下来的时候，除了前方一个女人的格子裙外，什么也看不到。原来，对于小女孩来说，那些东西都放得太高了。

因此，当别人给的答案不是你想要的，要想想为什么会这样。设身处地为他人着想，是每个人都应该明白的道理和应该学习的生活准则。

沉默定律

沉默是一种力量，是一种态度，是一种智慧。沉默不是一语不发的怯懦，而是鼓励他人畅谈的谦虚；沉默不是脑中空空的愚蠢，而是为自己积蓄力量的隐忍；沉默不是理屈词穷的失败，而是不屑一顾的威严；沉默不是任人摆布的屈从，而是待时而动的冷静。古语云"沉默是金"，这正说明了沉默的价值，沉默的可贵。如果两个人在交谈，没有一方的沉默，那谈话肯定是进行不下去的。这个世界需要呼唤的声音，更需要沉默的安静。

沉默是金

总爱夸夸其谈的人，不一定有真本事。平时沉默不语的人，不一定没有出息。

春秋五霸之一的楚庄王，在即位的前三年，从未发过一道法令。他手下的大臣都看不下去了，但又不敢明着问他。因为他有令："有敢谏者死无赦！"大夫伍举很聪明，换个方法问道："一只大鸟落在山上三年，不飞不叫，沉默无声，这是为什么？"楚庄王也是个聪明人，一听就明白了伍举的意思，答道："这只鸟三年不展翅，是为了让翅膀长大；三年不发声，是为了观察、思考和准备。虽然三年不飞，但一飞必定冲天；虽然三年不叫，但一叫势必惊人！"果然，楚庄王平定了国内战乱后北上争锋，开启了楚国霸业。

沉默不是无所事事，而是想一招制敌。这意味着积蓄力量、等待时机。

每年高考都会冒出不少"黑马"，那些平时看起来不怎么出众的学生却能"金榜题名"；而那些平时出尽风头，看起来大有希望的学生却往往"名落孙山"。那些平时看起来默默无闻的学生，其实就是在一点一滴地积蓄力量，他们"不鸣则已，一鸣惊人"！正如越王勾践卧薪尝胆，任劳任怨，最终一举歼灭了强大的吴国。这里的沉默，就是在等待时机。所以，真正有大志向的人，往往看起来比较沉默。

适时的沉默，也会让你收获更多。

发明家爱迪生，一生发明了上千件物品。有一次，他想卖掉自己的一项发明，来建一个实验室。但由于他不太熟悉市场行情，不知道自己的发明值多少钱，该向购买者开多高的价位。于是，他便与妻子商量。妻子也不懂行情，但她觉得肯定值不少钱，要价应该高一些，便对爱迪生说："你就要两万美元吧。"爱迪生听了，心想：两万美元，怎么可能呢？第二天，一个商人上门来找爱迪生，并表示出对那项发明的浓厚兴趣，希望爱迪生能卖给他。商人让爱迪生出个价，爱迪生为难了，说多少好呢，他自己也不知道，所以他就沉默不语。商人一再地问他，他却坚持一言不发。最后，商人终于按捺不住了，就说："我先出个价吧。您看10万美元，怎么样？"爱迪生一听，喜出望外，立马同意了这笔交易。

所以说，沉默是金。沉默是在积蓄力量，是在等待时机，更是一种威严和智慧，一种冷静和沉着。

俗话说"祸从口出""言多必失"，该沉默的时候就要懂得沉默。买东西的时候，讨价还价，千万不要先开口出价，要像爱迪生一样，等着别人出价。在谈判的时候，也是一样。不要贸然行动，而应先观察、思考、准备。但沉默不是一直无言，而是适时沉默，该出口的时候还是要出口的，不然你就真的要"在沉默中灭亡"了！

善于倾听

沟通是需要诉说和倾听的，两方面缺一不可。说出来是一种交流，听进去是一种领会。这个世界需要说出来的勇气，更需要听进去的耐心。

懂得倾听，是一种能力，更是一种品德。倾听是一种沉默，更是一种付出。认真地听别人讲话，是一种尊重，更是一种修养。很多人知道侃侃而谈的魅力，却忽视了倾听的力量。

　　科学家曾经对一批推销员进行了追踪调查，调查的对象分为业绩最好和业绩最差两类。经过调查，科学家发现，他们的业绩之所以有这么大的差别，不是因为说得不好，而是因为听得太少。那些业绩最好的推销员，每次推销的时候平均只说12分钟，而那些业绩最差的平均要说上30分钟。说得多，听得就少，听得少，就不容易对顾客有透彻的了解，而且说得多，还容易使顾客厌烦。听得多则相反，不仅会对顾客有清晰的了解，知道顾客最需要什么，还会使顾客觉得贴心。所以说，懂得倾听，是一种智慧。

　　一个好的谈话节目主持人，是一个好的倾听者；一个好的领导，也是一个好的倾听者；一个好的朋友，更是一个好的倾听者。倾听，让对方满足，让自己受益。在社交过程中，懂得倾听是一种很吸引人的品质。如果你是一个善于倾听的人，你的身边总会围绕着很多愿意与你交往的人。善于倾听，才能更好地沟通。如果双方各抒己见，都不把对方的观点听到心里去，那么最终只能以争吵收场。真正愉快的沟通，是互相倾听。只有能够互相倾听，才能互相理解，彼此知心。作为领导，更要具备善于倾听的能力。听到不同的声音，才能不断地改进工作。官员要听到百姓的疾苦，老板要听到员工的意见，老师要听到学生的要求，家长要听到孩子的心声。在很多时候，听比说更重要。

　　很久以前，有个不知名的小国想刁难一下它的邻国，因为它的邻国太强大，让小国感受到了压力。有一天，小国的使者带着三个一模一样的金人来向大国进贡。大国的国王看着这几个金人，心里非常高兴。但是，没想到小国的使者竟向国王出了个难题："请问陛下，您说这三个金人哪个最有价值？"国王一下答不上来了，但国王不能说自己不知道，这样会有失尊严。于是，他想了很多办法，请金匠来看做工，称重量，验材质，但无论如何得出的结果都是：这三个金人价值一样。正在国王急得火烧眉毛的时候，一位已告老还乡的老臣来到王宫的大殿上，说他知道如何区分。国王十分高兴，把小国的使者也请到了大殿上。这时，只见老臣从袖子里拿出三根稻草，分别插入三个金人的耳朵里。结果发现，第一个金人的稻草从另一边耳朵里掉了出来，第二个金人的稻草从嘴巴里掉了出来，而第三个金人的稻草掉进了肚子里，再也没有出来。于是，老臣对使者和国王说："第三个金人最有价值。"使者这时不得不承认，老臣的答案是正确的。

为何第三个金人最有价值呢？因为它懂得倾听，善于倾听。人长了一张嘴、两只耳朵，就是要让我们多听少说。善于倾听，是社交中的技能，是人人都应该拥有的美德和品质。

需求定律

最懂得经商的犹太人在用自己的劳动成果进行商品交易时，会背诵一段祷告，通过这些言语来感谢上帝创造出这些不完善和拥有众多需求的人。这些祷告让犹太人意识到，帮助别人满足需要或帮助别人弥补不足，是一种值得尊敬的生活方式。当你满足了顾客、消费者和老板的需求时，接受报酬是理所当然的事，因为这些钱是你满足别人需求的见证。

其实，无论是在商业行为还是在日常生活中，只要你尊重和满足他人的需求，那么你的需求也会得到满足。换句话说，如果你有某种个人需求，那么就要先满足别人的需求。

满足他人，成就自己

在激烈的商业竞争中，懂得满足消费者需求的企业才能立于不败之地。

中国海尔是世界白色家电第一品牌，1984年创立于中国青岛。它以满足消费者的需求为第一宗旨。无论是在城市还是乡村，无论是在中国还是欧美国家，海尔始终根据不同的消费需求研发相应的产品，让消费者用上适合的产品，自己也因此获得了丰厚的利润，这就是"欲取先予"的真谛。

在日常生活中，无论是与人相处还是想要获得成功，都要明白"欲取先予"这个道理。有些人总是打着自己的小算盘，不想付出，只想回报，这是因为他们不懂"天下没有免费的午餐"的道理。有些人总是处心积虑地占别人的便宜，这种人迟早会被现实教训，吃大亏。有些人总是处处替别人着想，先人后己，这样的人往往会得到很多，不仅有名望，还有财富。这就是大智若愚的吃亏学，看起来你是吃亏了，其实你的需求也得到了满足，并且对方还很高兴。

你给别人一个微笑的时候，别人也会还你一个微笑。你想别人怎样对待你，你就得先怎样对待别人。

有付出才有回报

欲取先予，说起来容易做起来难。人天生都是自私的，谁会甘心先为别人付出，谁会愿意先满足别人呢？如果我满足了别人，别人不来满足我，那我岂不是很吃亏。一般人都会有这种顾虑，但是那些能成就大业者或是生活中的强者，却从来不会计较这些，因为他们明白：有付出才会有回报。

如果不付出，虽然没有失去，但也没有得到，没有得到就是失去。无论你付出了什么，你总会有所收获。当然，这里的收获也许不是你期望的，但是可能会比你期望的更多。投之以桃，才能报之以李，不投自然不报。所以，要懂得为他人着想，懂得为别人付出。

《三国演义》里有这么个故事：

魏军准备攻打葭萌关，葭萌关告急，刘备派黄忠前去支援。黄忠见魏军将领夏侯尚、韩浩头脑简单，便使了一招骄兵之计，主动出关迎战，然后一连几天都假装打败仗，丢了许多营寨、器械，然后退到葭萌关里，坚守不出。夏侯尚、韩浩自以为得胜，得意扬扬地开始攻打葭萌关。没料到被黄忠迎头痛击，打得落花流水。黄忠不仅夺回了所有丢失的营寨阵地，还夺取了魏军的粮草重地天荡山，直逼汉中。

"以退为进"是兵家常用之计，其实这中间运用的也是"先予后取"的道理。自己佯装失败，让敌人先获胜，这是予；然后借敌人大意之机再转败为胜，这是取。我们的人生也是这样，你只有先给了别人甜头，才能满足自己的需求。

很早以前读过这样一个关于天堂和地狱的故事。

在大家心里，天堂和地狱总是有着天壤之别。一天，一个使者抱着这样的想法，去考察了天堂和地狱。他看到天堂里的每一个人都红光满面，容光焕发；地狱里的人个个面黄肌瘦，像饿死鬼一样，非常痛苦。这更加坚定了他的信念，天堂与地狱的差别真是太大了。可是细问之下才知道，天堂和地狱的人吃的东西是一样的，用的工具也是一样的。他们用的都是1米长的大勺子，天堂的人用长把勺子互相喂食，所以人人都可以吃到食物。地狱的人只想把装满食物的勺子往自己嘴里送，可是越想吃到东西，就越是吃不到，所以备受煎熬，形容枯槁。

天堂和地狱的真实差别就在于，天堂的人懂得互相付出，而地狱的人只想到自己罢了。所以，你如果想过天堂般的生活，就要懂得"先予后取"的道理，这样你的目标才会实现。如果你只信奉"人不为己，天诛地灭"的信条，那么你就只能像地狱中的饿鬼一样，事与愿违。只有设身处地地替别人考虑，想他人所想，急他人所急，大家才会互相扶助，各得所求，其乐融融。这就是所谓的"欲要取之，必先予之"。

我们在做事情的时候，不仅要有"双赢"的思想，而且要有"让对方先赢"的思想。不仅要有这样的想法，而且要落实在行动上。这样我们才能获得我们想要的，才能满足我们内心的需求。就像钓鱼一样，我们必须要先给鱼下饵，才能钓到鱼，鱼饵越好，你钓的鱼也就越大。

第 四 章

成功职场法则

蘑菇定律

长在阴暗角落里的蘑菇，因为得不到阳光，也没有肥料，常面临着自生自灭的状况，只有当它长到足够高的时候才开始被人关注。

这种经历对于成长中的职场年轻人来说，就像蛹一样，是化蝶前必须经历的一步。只有承受这些磨难，才能成为展翅的蝴蝶。初涉职场的新人，不仅要承受住"蘑菇"阶段的历练，还要注意不能过早地露出锋芒。

职场新人不要过早锋芒毕露

有一位图书情报专业毕业的硕士研究生被分到上海的一家研究所，从事标准化文献的分类编目工作。

他认为自己是学这个专业的，比其他人懂得多，而且刚上班时领导也以"请提意见"的态度对待他。于是开始工作后，他便提出了不少意见。上至单位领导的工作作风与方法，下至单位的工作程序、机制与发展规划，他都一一列举了现存的问题与弊端，提出了周详的改进意见。对此，领导点头称是，其他人也不反驳。可结果呢，不但现状没有一点改变，他反倒成了一个处处惹人嫌的人，还被单位某个领导视为狂妄、骄傲之人，一年多竟没有安排他做什么具体工作。

后来，一位同情他的同事悄悄对他说："小李啊，你还是换个单位吧，在这里你把所有的人都得罪了，没什么前途。"

于是，这位研究生安静了一段时间。不久后，他发觉所有的人都在有意无意地为难他，连正常的工作都没有人支持，他只好"炒领导的鱿鱼"，离开了。临走前，领导拍着他的肩头说："太可惜了！我真不想让你走，我还准备培养你当我的接班人哩！"那位研究生一边玩味着"太可惜"三个字，一边苦笑着离去。

在现实社会中，与这位研究生一样的年轻人并不少见。他们处世通常不留余地，锋芒毕露，有十分的才能与聪慧，就要表露出十二分。殊不知，职场有职场的规则，如果你想在职场中有所作为，就要先适应这里的规则。待实力壮大、羽翼丰满之后，再通过你的能力来制定新的规则，否则，你一定会碰得头破血流，留下"壮志未酬身先死"的感叹。

我国有一个成语叫"大智若愚"，行走职场，必要的时候，你一定要学会做一个"愚人"来保全自己，这往往能让你以不变应万变。

做一个合格的"蘑菇"，用智慧突破"蘑菇"境遇

曾有人说过这样一番话："一个人正在经历'蘑菇'的痛苦，哭也好，骂也好，这对克服困难毫无帮助。你没有资格悲观，只能迎难而上。因为，假如此时你自己不帮助自己，还有谁能帮助你呢？"

这句话说明了一个很重要的道理：正因身处"蘑菇"境遇，你得比别人更加积极。如果只是一味地强调自己是"灵芝"，起不了多大作用，结果往往是"灵芝"未当成，也没资格做"蘑菇"了。

所以，你要想突破"蘑菇"的境遇，使自己从"蘑菇堆"里脱颖而出，就要做好"蘑菇"该做的事，用智慧去突破"蘑菇"的境遇。

你要学会从工作中获得乐趣，而不仅仅是按照命令被动地工作。确立自己的人生观，根据你的做事原则，把精力投入到工作中。要想让工作成为一件对你来说有乐趣的事情，只有靠你自己努力去创造、去体验。

身为新人，工作中你要注意礼貌问题。也许你觉得这样是在走形式，但正因为它已经形式化了，所以你更要做到，从而建立起良好的人际关系。记得有这样一句话："礼貌就像旅途中使用的充气垫子，虽然里面什么也没有，却令人感觉舒适。"有礼貌不一定意味着有智慧，但是没礼貌会被认为是愚蠢的。

常言道："少说话，多做事。"这对新人更是适用。每一个刚开始工作的年轻人都要从最简单的工作做起。如果你在开始的工作中就满腹牢骚、怨气冲天，那么你对待工作就会草率行事，从而有可

能导致错误发生。或者本可以做得更好，却没有做到，这会使你在以后的任务分配中很难得到你本可以争取到的工作。

还有，一旦毕业后走向社会，你就会发现梦想与现实之间总是存在着很大的差距。当你到了一个并不满意的公司，在某个不理想的岗位上，做着很没劲甚至很无聊的工作时，肯定会产生茫然的感觉。如果收入又不理想，你肯定会非常郁闷，此时实际上就是蘑菇定律在考验你的适应能力。达尔文的话是最好的忠告："要想改变环境，必须先适应环境，别等环境来适应你。"

时刻记住，人可以通过工作来学习，也可以通过工作来获取经验和信心。你对工作投入的热情越多，决心越大，工作效率就越高。当你抱有这样的热情时，上班就不再是一件苦差事，工作就会变成一种乐趣，就会有许多人来聘请你做你喜欢的事。正如罗斯·金所言："只有通过工作，你才能保证精神的健康，在工作中进行思考，工作才是件愉快的事情。两者密不可分。"处于"蘑菇"阶段的年轻人，快静下心来，用你的智慧与能力在职场上破茧成蝶吧！

自信定律

未来学家弗里德曼在《世界是平的》一书中预言："21 世纪的核心竞争力是态度。"这就告诉我们，积极的心态是个人决胜未来最根本的心理资本，是纵横职场最核心的竞争力。自信心是积极心态的重要组成部分，一个失去自信的人，就是在否定自我的价值，思维很容易走向极端，把一个在别人看来不值一提的问题放大，甚至坚定地相信这就是阻碍自己进步的障碍，因此很难取得出类拔萃的成就。

失业之后引发的职场思考

"难道我真的一无是处，是个没用的人？"刚刚失去第六份工作的李磊，想起三年来在工作中的点点滴滴，对自己彻底失去了信心。

他说，前几天刚被老板辞退，这已经是他毕业三年来的第六份工作了。他自己觉得，不自信是丢掉工作的主要原因。原来，一周前李磊到一家牙科诊所应聘，老板问他是什么学历，因为害怕老板嫌弃自己的学历低，李磊便谎称是本科学历，而实际上他是大专学历。本以为老板只是问问，没想到上班之后，老板要他拿出学历证书。再也瞒不下去的李磊只得向老板吐露了实情，结果第二天老板就以"为人不诚实"将他辞退了。

"一家私人诊所可能不会太在乎学历，我毕业3年了，有实践经验，这对老板来说可能比学历更重要。"李磊很后悔当初的不自信，没有对老板说实话。

这件事告诉了我们一个深刻的道理，在职场上，自信心对于一个人来说很重要。要想让老板看重你，首先要自己看重自己。

从客观上来说，一个人有没有自信，取决于他对自己能力的认知。充满自信就意味着对自己信任、欣赏和尊重，意味着对工作胸有成竹、很有把握。

工作中若能时刻保持积极向上的自信心态，即使遇到自己一时无法解决的困难，也会保持主动学习的精神，这种内在的、自发的主动进取精神，往往会让我们把事情做得更好。

所以，在职业生涯中必须充满自信。自信心是源自内心深处、让你不断超越自己的强大力量，它会让你产生毫不畏惧、战无不胜的信念，这将使你工作起来更加积极。

自信昂扬，玩转职场

在工作过程中，我们常常会遇到这样的情况：挫折袭来，有的人因为没有足够的自信心，而一蹶不振。有的人却能在焦虑中唤醒自信心，从而努力奋斗，实现目标。其实，这种差异的产生并不完全由先天因素决定，而往往是因为前者平时不注重自信心的树立，后者却懂得长期自我训练，增强自信心。

无论从事什么职业，自信都能给人勇气，使你敢于战胜工作中的一切困难。工作上，谁都愿意自己是出类拔萃的，这就要求我们必须有挑战人生的勇气，要挑战就必须充满自信，如果我们连自信心都没有，还能做好什么事呢？

大家都知道毛遂自荐的故事，正因为毛遂有极强的自信心，所以才敢向平原君推荐自己，并出色地完成了任务。

美国思想家爱默生说："自信是煤，成功就是熊熊燃烧的烈火。"对于成功人士来说，自信心是必不可少的。据说，今日资本集团总裁徐新当初之所以选择投资网易，正是因为网易创始人丁磊的自信。

丁磊毕业于电子科技大学，毕业后被分配到宁波市电信局。这是一份稳定的工作，但丁磊无法接受那里的工作模式和评价标准，自信的他从电信局辞职了，他说："这是我第一次开除自己。有没有勇气迈出这一步，将是人生成败的一个分水岭。"

因为自信，丁磊在两年内 3 次跳槽，最终在 1997 年自立门户。后来，丁磊和徐新在广州一家狭小的办公室见面。徐新主动问了他一些问题："网易在行业内的情况怎么样？""我们会是第一。"丁磊毫不犹豫地说。客观上讲，1999 年初，网易刚向门户网站迈进，与新浪、搜狐相比，还只是一个刚刚崭露头角的小网站。

徐新当然知道当时的网易不是行业第一，但她觉得丁磊很有上进心和自信。她对丁磊说："我觉得企业家有这种精神是很重要的，你有这么一个理想跟雄心去做行业排头兵，我投的就是你的这个自信。"

通过丁磊的经历，我们可以肯定地说，充分的自信是创立事业、成就自我的重要素质。既然自信心如此重要，那么，我们要怎样做才能树立自信心呢？

首先，在日常工作中要不断学习，不断提升自己。关羽之所以敢独自一人去东吴赴会，是因为他深知自己的本领，正所谓"有了金刚钻，才敢揽瓷器活"。

其次，一定要有耐心和毅力。有些事情不是一朝一夕就能做好的，需要我们持之以恒地努力。要用长远的目光看待目前遇到的困难，相信我们有能力去解决它。

最后，不要总想着自己的缺点，要时刻告诉自己"我是优秀的""我是最棒的"。每个人都有缺点，完美无缺的人是不存在的，对自身的缺点不要耿耿于怀，要明白，别人往往并不那么在意你的缺点。

青蛙法则

世界上，有许多人都把自己的成功归功于某种障碍或缺陷带来的困境。如果没有障碍或缺陷的刺激，也许他们只能挖掘出自己20%的才能。正因为有了这种强烈的刺激，他们另外80%的才能才得以发挥。所以，我们身处快节奏、不断变幻的职场时，要懂得居安思危。要明白，危机并不代表灭亡，而恰恰可能是一种契机。经由这些危机，我们往往会发现自己的价值所在，激发出内心深处的巨大力量，使人生更加精彩。

居安也要思危

19世纪末，美国康奈尔大学进行了一个有趣的实验。实验者将一只青蛙扔进一个沸腾的大锅里，青蛙一接触到沸水，便立即触电般地跳到锅外，死里逃生。实验者又把这只青蛙丢进一个装满凉水的大锅，任其自由游动，然后用小火慢慢加热。随着温度的升高，青蛙并没有跳出锅去，而是被活活煮死了。

"蛙未死于沸水而灭顶于温水"的结局，很是耐人寻味。若是锅中之蛙能时刻保持警觉，在水温刚热之时迅速跃出，也为时不晚，不至于落得被煮死的结局。这就让我们想起了孟子曾说过的一句话："生于忧患，死于安乐。"

如果一个人丧失了忧患意识，那么，就会像被水煮的青蛙一样，在麻木中"死亡"。所以，在从初入职场到工作逐渐干练的过程中，我们要保持清醒的头脑和敏锐的感知，对新变化作出快速的反应。不要贪图享受，安于现状，否则当你意识到环境已经使自己不得不有所行动的时候，你也许会发现，自己早已错过了行动的最佳时机，等待你的只是悲哀、遗憾和无法估计的损失。

漫漫职场路，我们都希望自己能一帆风顺，不要遇到忧患与危机。但客观上讲，忧患与危机并不是什么可怕的魔鬼，当它们出现在我们面前时，往往能激发潜伏在我们生命深处的种种能力，并促使我们以非凡的意志做成平时不能做的大事。所以，与其浑浑噩噩地生活，不如勇敢地承受外界的压力，过一种更有创造力的生活。

拿破仑在谈到他手下的一员大将马塞纳时曾说："平时，他的真面目是不会显现出来的，可当他在战场上看到遍地的伤兵和尸体时，那种潜伏在他体内的'狮性'就会瞬间爆发，他打起仗来就会像战神一样勇敢。"

再如拿破仑，如果年轻时没有经历过窘迫和绝望，那他也许就不会有多谋刚毅的性格，他也就不会成为至今为人们所景仰的英雄人物。低微的出身、艰难的生活、悲惨的境遇，不仅造就了拿破仑，还造就了历史上的许多伟人。例如，林肯若出生在一个富人家的庄园里，顺理成章地接受了大学教育，那他也许永远不会成为美国总统，也永远不会成为历史上的伟人。正是有了与困境作斗争的经历，他们的潜能得以被激发出来，从而发挥出自己的力量。而那些生活安逸舒适的人，他们往往不需要付出太多努力，也不需要个人奋斗就能达到目的，所以潜伏在他们身上的能量就会被"遗忘"和"湮没"。

在危机意识下前进

我们都知道，未来是不可预测的，人也不可能天天走好运。正因如此，我们更要有危机意识，在心理上及实际行动上有所准备，以应对突如其来的变化。有了这种意识，或许不能让问题消失，却可以把危害降低。

那么，我们该如何在竞争激烈的职场中提升自己的危机意识呢？下面，来看看闻名于世的波音公司的有趣做法。

波音公司以飞机制造闻名于世。为了提升员工的忧患意识，公司别出心裁地摄制了一部模拟倒闭的电视片让员工观看。

在一个天空昏暗的日子，公司高高挂着"厂房出售"的招牌，扩音器中传来"今天是波音公司时代的终结，波音公司关闭了最后一个车间"的通知，全体员工一个个垂头丧气地离开工厂。这个电视片使员工受到了巨大的震撼，强烈的危机感使员工们意识到，只有全身心投入到生产和革新中，公司才能生存。否则，今天的模拟倒闭将成为明天无法避免的事实。

看完模拟电视片后，员工们都以主人翁的姿态努力工作，不断创新，使波音公司始终保持着强大的发展后劲。

事实上，波音公司的这种做法不仅对企业有深刻启示，对于行走职场的个人来说，同样具有一定的借鉴作用。

在工作中，我们也应该像波音公司的员工那样，时刻提醒自己，只有全身心投入到生产和革新中，公司才能生存，我们才有机会发展，否则终将难逃被淘汰的命运。

当今社会的快节奏生活和激烈竞争，令很多人在 35 岁时便遇到这样一个困惑：为什么多年来我一事无成？接下来的岁月我应该做些什么？在机会面前，许多人不敢贸然作决定。因为他们从心理上理解了人生的有限性，自己也开始重新衡量事业和家庭生活的价值，于是产生了职业生涯危机。这就是著名的"35 岁危机论"。

罗伯特先生 35 岁，自言觉得过去对工作、对自己的认识似乎有误，自己长期养成的行为习惯好像变成了事业的绊脚石。想改变自己，又不忍心否定过去；想改变生活方式，又担心选择的并不是最适合自己的。两年前，他终于下定决心放弃了某公司副经理的职位，参加 MBA 考试并重回校园深造。

现在，完成学业的罗伯特先生在找工作时又犯了难。罗伯特先生已投出上百份简历，但有回音者寥寥无几。罗伯特先生说，自己并不要求高薪，只要求一个管理类的工作职位。然而他发现，社会上已经"人满为患"。

罗伯特先生曾读过一篇题为《35岁，你还会换工作吗》的文章，文中的专家说："社会对35岁以上的求职者提出了较高的要求，因此人们必须通过不断学习和更新知识，提高自身竞争力。"对此罗伯特先生很纳闷，我正是为了完善自己才去学习的，为什么反而让社会把自己挤出去了呢？

其实，像罗伯特先生这种工作以后又重返校园充电，充电后再找工作重新迎接社会挑战的，已不仅仅是35岁的人才会面临的境况。有人甚至感叹："不充电是等死，怎么充了电变成找死啦？"

最关键的一点是我们要明白，不要以为学习充电后就无须面临社会上"物竞天择，适者生存"的自然选择。以前的经历是你宝贵的财富，但这并不能让你在职场上稳操胜券。千万不要有一劳永逸的想法，要时刻保持危机意识，告诉自己"一定要快跑，不够优秀在什么时候都会被淘汰"。

鸟笼效应

在我们的生活和工作中常常遇到"鸟笼效应"。人们总是不自觉地在自己的心里挂上一只"鸟笼"，再不由自主地往笼子里放"小鸟"。在大多数情况下，人们很难亲眼看到事情的真相，所以很多事情都会靠着常规思路进行推理。

远离"鸟笼"，不让老板怀疑你

有一天，心理学家詹姆斯与好友卡尔森打赌，说："我敢保证，不久后你会养一只小鸟！"卡尔森一听，觉得很荒唐，就笑着说："你在开玩笑吧？我从来就没有过这种想法。"

几天后，卡尔森过生日，朋友们都来为他庆祝。詹姆斯也来了，还带了一只精致的鸟笼作为生日礼物。

卡尔森接过鸟笼，想起几天前詹姆斯说的话，就会意地笑笑说："好你个詹姆斯，你还真想让我养鸟啊？可惜，你最后肯定会失望的。不过，还是要谢谢你的鸟笼，我很喜欢它。"说完便将鸟笼挂在了自己的书桌旁。

从此以后，来拜访卡尔森的客人都会问他同一个问题："教授，您养的鸟死了吗？"而且每位客人与他谈话的时候，都会提一些与鸟相关的话题，比如告诉他养鸟的知识，委婉地规劝他养鸟需要责任心和爱心，还有养鸟时的一些注意事项等。每当此时，卡尔森就一遍一遍地向客人解释——他从未养过鸟，不过客人们都不相信，反而认为他心理出现了问题。

卡尔森百口莫辩，有苦难言。他想扔了这只鸟笼，但又不舍得，它那么漂亮而且还是别人送的礼物。不扔这鸟笼，又惹出那么多恼人的猜测，莫须有的事端。想来想去，万般无奈之下，他只好沿着詹姆斯的预测走，买了一只鸟放在笼子里，这总比整天解释和被人误解好多了。

这就是著名的"鸟笼效应"，詹姆斯用他的心理学知识耍弄了好友一把。

刘季是从一家小公司跳槽过来的。在小公司的时候，公司老板每天都加班到很晚，所以作为老板得力助手的刘季自然也就养成了每天加班的习惯。到了新公司后，刚刚熟悉了业务，为了能更好地胜任自己的工作，他依然坚持着每天加班到很晚。可是这家公司的风气与以前的小公司不同，这里的员工和老板没有加班的习惯。所以，同事们发现刘季每天加班到很晚后，都感到很奇怪。每天的工作量也不大，上班时间完全可以完成，为什么他还要每天加班到很晚呢？同事们议论纷纷，"他是不是为了给自己家省点电，或者省点网费？""可能是为了晚上用公司的电话打私人电话。""也有可能是利用公司的资源干私活。"……很快，老板也知道了这件事。他的第一直觉也是这个人每天晚上加班到很晚到底是在搞什么"阴谋",是不是为了占用公司的资源。通常情况下,在工作量正常的时候,依然每天加班到很晚,很容易让人联想到这些,老板也不例外。刘季发觉了同事的议论后,还不以为然,但当他知道老板也在怀疑他时,他就再也不敢加班了。

不要给老板怀疑你的机会,不要给同事议论你的可能。要学会遵循公司的"规则",这样你的职场生活才会一帆风顺。

加班与加薪、升职没关系

职场上,加班与加薪、升职没关系。决定加薪的是你的工作能力,能力是最好的说明,业绩是最好的证明。只有具有扎实的本领,你才有发言权。否则你说得再多,也是无用的。职场,是用本领说话的地方。下面,我们来看一则关于本领的寓言。

有一次,在一场比赛上,鼯鼠夸耀说自己有很多本领。比赛开始了,最先比的是飞行。一声哨响,燕子、老鹰、鸽子一下就飞得没影了,鼯鼠扑腾着飞了几丈远就落了下来,着地时还没站稳,摔了个嘴啃泥。赛跑比赛,兔子得了第一后,躺在树下睡了一觉,醒来时鼯鼠才跌跌撞撞地跑到终点。游泳比赛,鼯鼠游到一半就游不动了,大声喊起救命来,多亏了好心的乌龟把它驮回岸上。比赛爬树时,鼯鼠还没爬到树顶就抱着树枝不敢再爬了,顽皮的猴子爬到树顶后摘了果子往它头上扔,明知道它不敢用手去接,还故意说请它吃水果。和穿山甲比赛打洞,穿山甲一会儿就钻进土里不见了,鼯鼠吃力地刨啊刨,半天才钻进了半个身子。观众见它撅着屁股怎么也进不去,都哄笑起来。

在工作中,如果没有真才实学,即便终日卖力加班,也会像鼯鼠一样遭到大家的嘲笑。说得再好听、吹嘘得再花哨,没有能力、没有业绩,无论是在领导面前,还是在同事面前,甚至是在下属面前,都很难挺起腰杆子。

14岁就到煤矿做工的斯蒂芬森,从事的工作是擦拭矿上抽水的蒸汽机。后来，他当上了煤矿的保管员，这使他有机会接触到更多的机器。

他感到当时落后的运输工具已经不能适应迅速发展的煤矿业了，于是他就想发明一种强有力的运输工具。

于是，斯蒂芬森下定决心要努力学习知识。他已经17岁了，却是个文盲，"既然基础等于零，那就从零开始吧！"他与儿童一起在夜校的一年级就读。

为了更好地进行研究，他来到蒸汽机发明者瓦特的家乡做工。他在工作之余，对蒸汽机的构造原理进行钻研，并运用自己所学的知识进行"强有力的运输工具"的发明。

经过一番呕心沥血的钻研，他在1814年造出了第一台蒸汽机车。但是试车失败了，为此他受到了诽谤和责难。但他并没有因此灰心，而是继续研究并对蒸汽机车加以改进。他于1825年9月27日在英国斯托克顿至达灵顿的铁路上，对世界上第一台客货运蒸汽机车"旅行号"进行了成功试车。人们热烈地庆贺火车的诞生。他又于1829年10月驾驶着新制的"火箭号"参加了在利物浦附近举行的火车功率大赛，并获得了胜利。

斯蒂芬森成功了，凭着多年的努力与坚持不懈，他的能力和本领在实践中不断提升、完善。他的经历让我们更加清楚地看到——用本领说话才是最有力的。下面故事中的马克亦是如此。

马克起初只是德国一家汽车公司下属的一个制造厂的杂工，他在做好每一件小事的过程中不断成长，并在32岁时成为该公司最年轻的总领班。

马克是在20岁时进入工厂的。工作一开始，他就对工厂的生产状况进行了全盘了解。他知道一辆汽车从零件生产到装配出厂，大约要经过13个部门的合作，而每一个部门的工作性质都不相同。他主动要求从最底层的杂工做起。杂工不属于正式工人，也没有固定的工作场所，哪里有零活就要到哪里去。因为这项工作，马克有机会和工厂的各部门接触，因此对各部门的工作性质有了初步的了解。在当了一年半的杂工之后，马克申请调到汽车椅垫部工作。不久，他就把制椅垫的手艺学会了。后来他又申请调到电焊部、车身部、喷漆部、车床部等部门工作。在不到 5 年的时间里，他几乎把这个厂各部门的工作都做过了。最后，他又申请到装配线上去工作。马克的父亲对儿子的举动十分不解，他问马克："你工作已经 5 年了，总是做些焊接、刷漆、制造零件的小事，恐怕会耽误前途吧。"

马克笑着说："我并不急于当某一部门的小工头。我以能胜任领导整个工厂为工作目标，所以必须花些时间了解整个工作流程。我正在用现有的时间做最有价值的事情，我要学的，不仅仅是如何做汽车椅垫，而是整辆汽车是如何制造的。"当马克确认自己已经具备管理者的素质时，他决定在装配线上崭露头角。马克在其他部门干过，懂得各种零件的制造，也能分辨零件的优劣，这为他的装配工作提供了不少便利。没过多久，他就成了装配线上最出色的工人。很快，他就晋升为领班，并逐步成为统管 15 位领班的总领班。如果一切顺利，他将在几年之内升到经理的职位上。

马克说得很对，要"用现有的时间做最有价值的事情"，加班与否都不重要，那只是形式，真正能体现业绩的，不是你工作多少个小时，而是你的能力有多强，是否强到可以高效完成应该完成的工作。这是实力，也是本领。

做任何事情，不下一番功夫，就不会有收获。每个人都希望自己在职场上占据优势地位，都希望自己能够加薪升职。然而，仅仅有这种上进的思想是远远不够的，因为理想与现实之间的距离需要用努力去弥补。只有掌握了扎实的本领，才能在工作中游刃有余。

鲁尼恩定律

气盛就会凌人，心满就会不求上进。真正成功的人都极力做到虚怀若谷，谦恭自守。如果一个人成功的时候，还能保持清醒的头脑，不趾高气扬，那么他往往会取得更大的成就。

气怕盛，心怕满

有一天，孔子带着自己的学生去参观鲁桓公的宗庙。在宗庙里，他看到了一个形体倾斜，可用来装水的器皿，就向庙祝询问："请您告诉我，这是什么器皿？"庙祝告诉他："这是欹器，放在座位右边，用来警诫自己，如'座右铭'一般用来伴坐。"孔子接着说："我听说这种器皿，在没有装水或装水少时就会歪倒；水装得适中，不多不少的时候就会是端正的；而水装得过多或装满了，它也会翻倒。"说完，回过头让学生们往里面倒水试试。学生们听后舀水来试，果然如孔子所说的。水装得适中时，它就是端正的；水装得过多或装满了，它就会翻倒；等水流尽了，里面空了，它就倾斜了。这时候，孔子长长地叹了口气说道："唉，世界上哪里会有太满而不倾覆翻倒的事物啊！"

我们的心也像这欹器一样，自我评价太低就会抬不起头，自我评价适中就能积极面对人生，自我评价过高就会四处碰壁。水满则溢，月满则亏。做人要有长远眼光，不能被一点小小的成就绊住了前进的脚步，而导致最后的失败。

张明和李婷是大学同班同学，两个人一起应聘到一家公司。论专业能力，李婷根本不是张明的对手。张明在计算机方面有超强的天赋，而李婷恰巧又长了个"不开窍"的脑瓜儿，所以他们俩之间的差距就更大了。可是进公司半年后，李婷却比张明先升了职。

其实，这也不奇怪，正如"龟兔赛跑"一样，实力强的不一定就会赢。张明自视能力很高，在这样的公司根本不需要再学习和进修，以他的聪明才智可以应付一切工作。不仅如此，他对待工作也马马虎虎，觉得交给自己的工作有辱自己的智商。而李婷知道自己能力不行，所以工作后依然不断地学习深造，对于上级安排的每一项任务都认真对待，还乐于向身边的人请教。所以，出现李婷先升职的现象是必然的。如果张明再不反省，还是那样的工作态度，那么最后可能会被辞退。因为哪个公司都不需要这种眼高手低、骄傲自大的员工。

当迪普把议长之位让出来，拥护林肯政府的时候，在一般人看来，由于他对党的贡献，不知该受到多么热烈的欢迎、称赞才好。他说："傍晚我当选为纽约州州长，一小时之后又被推选为上议院议员。不到第二天早晨，好像美国大总统的位置都等不及让我到年纪后就落到我头上了。"他用这种调侃，善意地批评了别人对他的过分夸奖。虽然迪普那时很年轻，但是头脑却很清醒，不会因为别人对他的过分夸奖而自高自大。即使在那时，他还是能保持那种伟大的特性——不因为别人的称赞而趾高气扬。

你能够承受得住飞黄腾达吗？要衡量一个人是否真正能有所成就，就要看他是否有这种承受能力。福特说："那些自以为做了很多事的人，便不会再有什么奋斗的决心。有许多人之所以失败，不是因为他的能力不够，而是因为他觉得自己已经非常成功了。"他们奋斗过，战胜了不知多少艰难困苦，凭着自己的意志和努力，使许多看起来不可能成功的事情都成为了现实。然而他们取得了一些成就后，便经受不住考验，变得懒惰起来，放松了对自己的要求，慢慢地下滑，最后跌倒了。历史上，被荣誉和奖赏冲昏了头脑，变得懈怠懒散，最终一无所成的人，真不知有多少。如果你的计划很远大，很难一下子达到，那么在别人称赞你的时候，你就把现在的成功与你那远大的计划比较一下。这样就会发现，你现在的成功还只是万里长征的第一步，根本不值得夸耀。这样一想，你就不会因眼前的一点儿成就而沾沾自喜了。

洛克菲勒在谈到他早年从事煤油业时，说道："在我的事业刚刚有些起色的时候，我总是这样对自己说：'现在你有了一点成就，你一定不要因此自高自大，否则，你就会站不住，就会跌倒。因为你有了一点业绩，便俨然以为自己是一个大商人了。你要当心，要继续前进，否则你便会神志不清了。'我觉得我对自己进行这样亲切的谈话，对我的一生都有很大的影响。我担心自己受到骄傲情绪的影响，便训练自己不要为一些愚蠢的思想所蛊惑，觉得自己有多么了不起。"

能够在成功面前保持平常心，能够不因此而自大起来，这实在是一件不容易做到的事情。对于每次的成功，我们只能视它为一个新的起点，而不是终点。

执行到位，笑到最后

在现代职场中，很多员工做事得过且过，工作做得不到位，在他们的工作中经常会出现这样的现象：

——5%的人不是在工作，而是在制造矛盾，无事生非；

——10%的人正在等待着什么，不想做；

——10%的人没有为公司作出贡献，在做，但是负效劳动；

——20%的人正在为增加库存而工作，"蛮做""盲做""胡做"；

——40%的人正在按照低效的标准或方法工作，想做，但不会正确有效地做；

——只有15%的人属于正常范围，但绩效仍然不高，做事不到位。

大多数人正在按照低效的标准或方法工作，缺乏灵动的思维和智慧，永远处于忙乱状态，却永远到最后才完成任务。

越来越多的员工只管上班，不愿贡献；只管接受指令，不顾结果。他们沉不住气，得过且过，应付了事，将把事情做得"差不多"作为自己的最高准则。他们能拖就拖，无法在规定的时间内完成任务。他们粗心大意、敷衍塞责……这些通通都是做事不到位的具体表现。

做事不到位，就会造成成本的增加，成本的增加就意味着利润的降低。此外，在市场竞争空前激烈的今天，执行一旦不到位，就会让对手赢得先机，使自己处于被动地位。

2002年，华为接受俄罗斯一家运营商的邀请，派遣几名技术员到莫斯科，要他们在短短的两个月内，在莫斯科开通华为第一个3G海外试验局。

但是受邀请的不只华为一家，第一个被邀请的是一家比华为实力更强的公司，也就是说，华为的员工是受邀前去调试的第二批技术人员。于是，他们就和第一批技术人员形成了一种竞争关系。

由于对手实力很强，一开始莫斯科运营商对华为的技术人员并不是很重视，不仅没有为他们提供核心网机房，甚至不同意他们使用运营商内部的传输网。因为缺乏这些必要的基础设施，华为的技术员在开展工作时受到了很大的阻碍。因此，华为的员工压力很大，他们一直在思考怎样才能做得更好，以赢得运营商的信任。但演示环节在即，华为的技术员以为已经没有希望了。不料，对方的技术人员在业务演示中出现了一些小漏洞，引起了运营商的不满。为了弥补这些小漏洞，运营商决定将华为的设备作为后备。

于是，华为的几位员工抓住机会，夜以继日地工作，最终向运营商完美地演示了他们的3G业务。看完演示之后，运营商竖起了大拇指，立刻决定将华为的3G设备从备用升级为主用。

可见，执行到位关系到成败。执行到位，能够技压群雄；执行不到位，则可能前功尽弃、功亏一篑。

有一天，刘墉和女儿一起浇花。女儿很快就浇完了，准备出去玩，刘墉叫住了她："你看看爸爸浇的花和你浇的花有什么不一样?"女儿看了看，觉得没有什么不一样。

于是，刘墉将女儿浇的花和自己浇的花都连根拔了起来。女儿一看，脸就红了，原来爸爸浇的水都浸透到了根上，而自己浇的水只是把表面的土淋湿了。

刘墉语重心长地告诉女儿，做事不能做表面功夫，一定要做到"根"上。

其实，执行任务就和浇花一样，如果沉不住气，只是简单地做事，不用心、不细致，不看结果，敷衍了事，那就等于浪费时间，做了跟没做一样。

在工作中，要有一个长远的规划，不能因为达成了一个小目标，或一时得到了上级的认可，就骄傲自满，停滞不前，这样你很快就会被别人甩在后面，被职场淘汰。现在的职场，是个时刻充满了竞争的地方。你不进步，就是在退步。你停滞不前，别人就会超过你。所以，不要满足于一时的成绩，要有一个大的方向、大的目标，不断前进。当然也不要为一时的失败而气馁，要明白笑到最后才最美。

要想成功，应当自觉戒除糊弄的错误态度，沉住气，为自己的工作树立标准，严格地落实到最后一个环节，不要认为事情快完成了就掉以轻心、马虎了事。只有静下心来，以细致、认真的态度，踏实地做好每一项任务，我们才能保证效果，才能为企业交上满意的答卷。

所以，决定输赢的不是你的天资或运气，而是你能否永远清醒地认识自己，能否做到戒骄戒躁。在跑步时，跑得快的不一定赢；在打架时，力量弱的不一定输。没到最后一刻，就无法确定输赢。只有笑到最后的人，才是真正的赢家。

链状效应

身在职场，就应该懂得职场内部的规则。不要把自己糟糕的形象暴露在同事面前，这样只会让他们觉得你很无能。不要抱怨工作辛苦，不要抱怨自己多干了活儿，更不要抱怨老板苛刻。办公室就是用来办公的地方，不是用来让你诉苦的场所。心中的委屈，留着跟好友说，或者干脆把它变成一种前进的动力，督促自己努力工作。

远离职场中的抱怨

如果你总是和心胸不够宽大的人在一起的话，久而久之，你也会变成一个爱抱怨的人。这就是链状效应。所以，如果你不想变成一个"唠叨鬼""怨妇"的话，那就远离那些爱抱怨的人。

在职场上，更是如此。如果有爱抱怨的同事，你千万要躲得远一些。因为你不能为他解决任何问题，听他抱怨除了自找麻烦外，只能让自己的心情变得糟糕。而你本人，也千万不要对你的同事抱怨，特别是工作上的事情。如果你抱怨得多了，除了自失尊严外，还会让同事对你避之不及。谁也不希望别人的消极情绪影响到自己的好心情，所以有同事向你抱怨的时候，就一笑而过；自己想抱怨的时候，就微笑。

娄小明是公司刚从一家大企业挖来的人才，到公司后，很受部门领导的器重。他学识渊博、才思敏捷，让同事们很佩服。有一次，总公司有一个出国深造的机会，让有资格去的人每人写份申请并附带一份深造计划交到总部。娄小明所在的部门只有他和张小军符合要求，于是他俩就提交了申请和计划。可是每个部门只有一个出国深造的名额，两个人的实力都很强，领导就开会讨论让谁去比较合适。最后，讨论的结果是让张小军去。这让娄小明很不甘心，自己一点也不比张小军差，如果有区别的话，就是张小军是老总的亲戚，而自己不是。于是，他一有机会就向同事抱怨这件事，抱怨公司的领导如何不公正，自己的遭遇如何令人气愤，等等。他每次抱怨完都觉得心情舒畅，而且认为同事们会和自己站在同一条战线上，替自己打抱不平，但结果却不像他想的那样。张小军比他来公司的时间长，为人亲和、平易近人，与其他同事的关系很不错。娄小明越是抱怨，同事们就越觉得张小军比娄小明气量大，比他能担当。娄小明的抱怨直接地损害了自己的形象，却间接地提升了张小军的人气。而且知道张小军是老总的亲戚后，同事们更是对张小军敬畏三分，不敢轻易得罪。于是，同事们对娄小明的态度越来越冷淡，再没人觉得他是人才。娄小明自己也发现了这一变化，细想后才明白，这都是自己爱抱怨惹的祸，把自己原来的光环和神秘全都打破了，还给同事留下了一个心胸狭窄的印象，而自己不能出国的事实一点也没有改变。

怨天尤人，一点益处也没有。对你的工作不会有任何帮助，还会让别人看低你。所以，在职场上，要把自己消极的情绪锁起来，永远呈现出积极阳光、精明能干的一面，这样才会赢得别人的尊重，领导的器重，使工作更加顺利。

听你抱怨，只是职场的假象

无论是老板还是同事，与你合作是希望你来解决问题，而不是听你抱怨。完成任务是你的本职工作，抱怨只能让人生厌。如果你不能认识到这一点，你就离"死期"不远了。

"烦死了，烦死了！"一大早就听见王宁在不停地抱怨着，一位同事皱了皱眉头，不高兴地嘀咕着："本来心情好好的，被你一吵也烦了。"王宁是公司的行政助理，事务繁杂。可谁叫她是公司的管家呢，不找她找谁？

其实，王宁性格开朗外向，工作起来认真负责。虽然牢骚满腹，但该做的事情一点也不曾怠慢。维护设备，购买办公用品，交通信费，买机票，订客房……王宁整天忙得晕头转向，恨不得长出8只手来。

刚交完电话费，财务部的小李来领胶水，王宁不高兴地说："昨天不是刚来过吗？怎么就你事情多。"抽屉开得噼里啪啦响，翻出一个胶棒，往桌子上一扔，"以后东西一起领！"小李有些尴尬，又不好说什么，忙赔笑脸说："你看你，每次找人家报销都叫亲爱的，一有事求，脸马上就拉长了。"

这时，销售部的王娜风风火火地冲了进来，原来是复印机卡纸了。王宁立刻不耐烦地挥挥手："知道。烦死了！和你说一百遍了，先填报修单。"单子一甩，"填一下，我去看看。"王宁边往外走边嘟囔："综合部的人都死光了，什么事情都找我！"对桌的小张气坏了："这叫什么话啊？我招你惹你了？"

态度虽然不好，可整个公司的正常运转真是离不开王宁。虽然有时候被她呛得下不来台，也没有人多说什么。可是，那些"讨厌""烦死了""不是说过了吗"……实在让人不舒服。特别是同办公室的人，王宁一叫，他们的头都大了。"拜托，你不知道什么叫情绪污染吗？"这是大家的一致反应。

年末的时候，公司民意选举先进工作者，大家虽然都觉得这种活动老套可笑，但暗地里却都希望自己能榜上有名。奖金倒是小事，谁不希望自己的工作得到肯定呢？领导们认为先进者非王宁莫属，可一看投票，50多张选票，王宁只得了12张。

有人私下说："王宁是不错，就是嘴巴太厉害了。"

王宁很委屈："我累死累活的，却没有人体谅……"

抱怨的人不见得不善良，但常常不受欢迎。抱怨就像用烟头烫破气球一样，让别人和自己泄气。谁都恐惧牢骚满腹的人，怕自己也受到传染。抱怨除了让你丧失勇气和朋友，对解决问题也毫无帮助。所以，抱怨别人不如反思自己。

反馈效应

有反馈才能有动力，有反馈才能发现问题，有反馈才能进步，有反馈才能加深了解。对于领导布置的任务，不仅要及时地给予反馈，而且要主动地进行反馈，这样领导才会知道你的工作进度和工作能力，对你产生信任并给予支持。所以，平时要养成主动向领导汇报工作的习惯。

有反馈才有动力

心理学家C.C. 罗西与L.K. 亨利曾经做过一个心理实验。他们随机在一所学校中抽出一个班，把这个班的学生分为三组，每天学习结束后就对他们进行测验。第一组学生每天都告诉他们测验的成绩，第二组学生每周告诉他们一次测验的成绩，第三组学生则从来不告诉他们测验的成绩。8周后，改变做法。第一组的待遇与第三组的待遇对换，第二组保持不变。这样又过了8周后，发现第二组的成绩保持常态，依然稳步地前进，而第一组与第三组的情况发生了极大的转变，第一组的学习成绩逐步下降，第三组的成绩突然上升。这个结果说明，及时告知学生的学习成果有助于促进学生取得更好的成绩。反馈比不反馈要好得多，即时反馈又比远时反馈效果更好。

心理学家赫洛克也做过一个类似的实验。他把被试者分成4组，分别为激励组、受训组、被忽视组和控制组。第一组每次完成任务后，都被给予鼓励和表扬。第二组每次完成任务后，都要接受严厉的批评和训斥。第三组每次完成任务后，不被给予任何评价，只让其静静地听其他两组受表扬和挨批评。第四组不仅每次完成任务后不给予任何评价，而且还把它与其他三组隔离开。实验结果发现，第一组和第二组的成绩明显优于第三组和第四组，第四组的成绩是最差的，第二组的成绩有所波动。这个结果表明，及时对工作结果进行评价，能强化工作动机，增强工作动力，对工作起到促进作用。有反馈就会有动力，激励的反馈又比批评的反馈效果好得多。

后来，心理学家布朗又做了一个更深入的实验。他把小学高年级学生作为自己的实验对象，把他们分成两组，做算术练习。这两组学生的演算能力均等，所做的练习题也完全一样。第一组学生做完后，由老师对他们的答案进行评定改正。而第二组学生做完后，他们的答案则由他们自己来改正，并把每天的正确数和错误数分列成表，以了解自己的进步情况。一个学期后，两个小组同时接受测验。结果发现，后者的成绩比前者优异很多。这个实验表明，反馈主体与反馈方式不同，效果也会有所不同。主动自我反馈比被动接受反馈效果好得多。

这一系列心理实验表明，反馈比不反馈好得多，积极的反馈比消极的反馈好得多，主动反馈比被动接受反馈好得多。所以，平时我们要对别人的行为、活动给予及时的反馈，这样不仅有助于他人更好地完成工作，也有助于自己获取更多的信息。同时，我们也要对自己的工作、学习进行及时的自我反馈，这样才能更好地进步，取得更好的成绩。

学会与领导互动

在职场中，尊重领导是非常必要的。但是只知道听领导的话，而不懂得及时地给予反馈，就不会成为领导眼中的好员工。一个真正的好员工，要懂得听领导的话，更要懂得与领导互动。如此，不仅能更好地完成自己的任务，还会增进领导对你的信任和好感。

领导工作繁重，如果员工能做到经常主动向上级汇报工作进度，这样既能提醒领导，又能及时获取信息，促进自己更好、更快地完成工作，帮助领导省心省力。有时候，工作方案制订得不太科学或有些问题，如果你定期主动向领导汇报工作进度，那么领导就会及时发现问题，调整工作方案和工作内容，这样就避免了做无用功。总之，对于领导布置的任务，不能只是听从和等待领导来询问，而是要主动地向领导汇报，向领导说出你遇到的困难和需要的帮助，向领导反映工作中出现的问题并提出更好的解决方案。

如果你总是沉默，老板会很不安。老板需要知道你的进度，这样才好给你安排其他工作，或者进行下一步的规划。公司里员工的分工都很明确，你的工作任务一般与其他人的工作都是环环相扣的，只有明确地知道你的进度，才不会影响公司的整体运作。不要总是等着老板来问你，这样老板心里会很不高兴，并认为你工作不积极，不是个能担当大任的员工。如果反过来，你主动向他汇报工作进度和自己对工作的想法及意见，那他会很欣慰，认为自己招到了一个很能干、很聪明的员工。主动往往代表着积极和努力，所以在工作中一定要表现得主动一些。主动一些不会吃亏，而过于被动就会使自己陷入难堪的局面。你有困难一直不说，自己扛着，到最后仍然完不成任务，自己疲惫不堪还给公司造成了损失，这个时候领导会把责任都归咎到你的沉默上，你再委屈也无处诉苦。所以，有什么事就及时与领导沟通，这样你的工作会进行得更顺利，与领导的关系也会更亲密，有问题也找不到你身上。何乐而不为呢？

高小凡在毕业后找到了自己的第一份工作，决心要好好表现一下，决不让领导失望。他的工作经验不足，对于很多任务还无法胜任。可他从来没有表现出有困难的样子，无论领导交给他什么样的工作，他都咬着牙完成了。可没想到，领导交给他的任务越来越多，工作难度越来越大。他有点撑不住了，越来越不能让领导称心，领导对此很不满意，经常批评指责他。他心想我一直任劳任怨，为什么还要刁难我？可他又想自己是新来的，还是忍了吧。于是，又硬着头皮去工作。最终，高小凡生病了，但他还是硬挺着到了公司，因为那天有个重要的会议是由他负责的。可他实在坚持不住了，就趴在桌子上睡着了。结果，他使公司失信于一个大客户，给公司造成了不可挽回的损失。领导气坏了，找到他一顿臭骂，高小凡再也忍不住了，就把自己的委屈告诉了领导。领导听了不但不同情他，反而更加气愤地说："小凡，你为什么不早跟我说？我一直等着你来找我，谈你的工作情况，没想到你什么也不说，让我以为你有更大的潜力可挖，可以完成更高难度的工作。现在，你生病了，完全可以打电话请个假，我好安排其他人来接替你的工作，这样就不会发生今天的事情了！"

可见，硬撑不是英雄，如果你耽误了工作进度，谁也不会体谅你。所以，以后工作中有任何问题都要记得及时向领导汇报，有互动才能更好地完成工作。